Zur The

Arnos Hovhannisyan
Mishal Khaddazh

Zur Theorie der Emulsionspolymerisation

ScienciaScripts

Imprint

Any brand names and product names mentioned in this book are subject to trademark, brand or patent protection and are trademarks or registered trademarks of their respective holders. The use of brand names, product names, common names, trade names, product descriptions etc. even without a particular marking in this work is in no way to be construed to mean that such names may be regarded as unrestricted in respect of trademark and brand protection legislation and could thus be used by anyone.

Cover image: www.ingimage.com

This book is a translation from the original published under ISBN 978-3-659-85137-7.

Publisher:
Sciencia Scripts
is a trademark of
Dodo Books Indian Ocean Ltd. and OmniScriptum S.R.L publishing group

120 High Road, East Finchley, London, N2 9ED, United Kingdom
Str. Armeneasca 28/1, office 1, Chisinau MD-2012, Republic of Moldova, Europe

ISBN: 978-620-8-34651-5

Copyright © Arnos Hovhannisyan, Mishal Khaddazh
Copyright © 2024 Dodo Books Indian Ocean Ltd. and OmniScriptum S.R.L publishing group

INHALTSÜBERSICHT

Anmerkung des Autors 2
Einführung 4
Kapitel 1 5
Kapitel 2 13
Kapitel 3 27
Kapitel 4 38
Kapitel 5 45
Referenzen 51

Anmerkung des Autors

Ein alter Dichter schrieb einmal im Vorwort seines Buches: "*Gewöhnlich kümmern sich die Leser nicht um die moralische Absicht, deshalb lesen sie auch keine Vorworte*".

Für ein literarisches Buch mag dies zutreffen, aber der Leser von Fachliteratur sollte daran interessiert sein, von wem das Werk geschrieben wurde und für wen es bestimmt ist.

Wir möchten glauben, dass unser Buch für Chemiker und Physiker von Interesse sein wird, die sich mit Problemen der Emulsionspolymerisation befassen und monodisperse Polymerpartikel in heterogenen flüssigen Systemen herstellen wollen.

Ich hoffe, dass der Leser nach der Lektüre dieses Vorworts eine zusätzliche Motivation hat, den Inhalt des Buches zu analysieren und zu bewerten.

Ich möchte den großen Beitrag meines Kollegen und Mitautors, Dr. Mishal Khaddazh, hervorheben. Sein tiefes Wissen über die Emulsionspolymerisation sowie seine Beherrschung des wissenschaftlichen Englisch haben es uns meiner Meinung nach ermöglicht, dem Leser die Probleme der Emulsionspolymerisation zu vermitteln.

Andererseits bezweifle ich zutiefst, dass das Erscheinen einer solchen Monographie ohne die Leistung einer großen Gruppe von Wissenschaftlern, mit denen ich zusammengearbeitet und kommuniziert habe, möglich gewesen wäre. In diesem Zusammenhang möchte ich erwähnen:

• Professorin Inessa A. Gritskova von der Abteilung für Chemie und Technologie hochmolekularer Verbindungen im Moskauer Institut für Feinchemie, die meine wissenschaftliche Betreuerin war, als ich meine Forschungen begann.

• Akademiemitglied Victor A. Kabanov, der Gegner meiner Doktorarbeit, der Leiter der Abteilung für hochmolekulare Verbindungen an der Chemischen Fakultät der Staatlichen Universität Moskau und der Vizepräsident der Russischen Akademie der Wissenschaften. Ich bin stolz darauf, hier einen Teil seiner offiziellen Entschließung zu meiner Dissertation und meinen Experimenten wiederzugeben: "*Die Reagenzglas-Experimente von Hovhannisyan bestechen durch ihre grundlegende Einfachheit in der Anwendung der Methoden und die eindeutigen Ergebnisse, die sie erzielen. Sie können als ein Modell für experimentelle Fähigkeiten betrachtet werden und ähneln den klassischen Beispielen aus der Zeit der Entstehung der Physikalischen Chemie*".

• Der deutsche Physiker und Nobelpreisträger, Professor Rudolf L. Mossbauer, besuchte 1977 das Institut für Physik der kondensierten Materie an der Staatlichen Universität Eriwan. Mein Labor für Physikalische Chemie (jetzt Labor für Polymerdispersionen genannt) war Teil dieses Instituts. Prof. Mossbauer schätzte unsere Untersuchungen auf dem Gebiet der Züchtung von Einkristallen aus speziellen Polymermaterialien sehr. Dieser Aspekt spielte eine anregende Rolle in meiner kreativen Arbeit.

Abschließend möchte ich noch betonen, dass die Autoren für alle Meinungen, Vorschläge und Kritiken Ihrerseits sehr dankbar sein werden. Kommentare und Anmerkungen können Sie an die folgenden E-Mail-Adressen senden:

- hovamos@gmail.com ;
- mishal_2@mail.ru .

Prof. A. Hovhannisyan

Einführung

Die radikalische Polymerisation in heterogenen Monomer-Wasser-Systemen hat besondere Eigenschaften, die sich von denen anderer Methoden der radikalischen Polymerisation unterscheiden. Diese Eigenschaften werden festgestellt, wenn die Polymerisation in mizellaren Emulsionen durchgeführt wird, oder was allgemein als Emulsionspolymerisation (EP) bezeichnet wird [1-4].

Die Hauptbestandteile der Emulsionspolymerisation sind das Monomer, Wasser, Emulgator und Initiator. Normalerweise nehmen die Moleküle des Emulgators nicht an den elementaren Vorgängen der Polymerisation teil.

EP zeichnet sich durch eine hohe Verarbeitungsgeschwindigkeit aus. Die Geschwindigkeit und der Grad der Polymerisation sind direkt proportional zur Konzentration des Emulgators. Es ist offensichtlich, dass diese Phänomene durch den spezifischen Dispersionszustand des erhaltenen heterogenen Systems verursacht werden. In der Literatur finden sich zahlreiche Übersichtsarbeiten, Artikel und Monographien, die darauf abzielen, diese Proportionalität zu klären [1-13]. Eine Reihe dieser Studien wird in Kapitel 1 unseres Buches besprochen.

Der Hauptzweck dieses Buches besteht darin, dem Leser die Ergebnisse mehrerer experimenteller Studien zu präsentieren, die eine mögliche Verbindung zwischen der EP und den Besonderheiten der physikalischen und chemischen Prozesse, die an Monomer-Wasser-Grenzflächen auftreten, aufzeigen. In diesen Experimenten wird die Polymerisation unter statischen Bedingungen durchgeführt, was die Beobachtung und Untersuchung der physikalischen und chemischen Prozesse ermöglicht, die sowohl an der Grenzfläche als auch in separaten Massenphasen der heterogenen Systeme stattfinden.

Kapitel 1

Topologisches Modell der Emulsionspolymerisation

1.1. Modell Harkins.

Ein klassisches Beispiel für die EP ist die Polymerisation von Styrol, die durch Kaliumpersulfat in einer mizellaren Wasser-Monomer-Emulsion eingeleitet wird. Nach Harkins [3] beginnen die mit Monomeren gequollenen Emulgatormizellen in der mizellaren Emulsion mit Beginn der Anfangsphase der Polymerisation zu verschwinden, und in der wässrigen Phase erscheinen Monomermikrotröpfchen, die Monomermoleküle, Polymermoleküle und wachsende Radikale enthalten. Diese flüssigen Mikropartikel werden als Polymer-Monomer-Partikel (PMP) bezeichnet. Nach einer 5-10%igen Umwandlung verwandelt sich die mizellare Emulsion in eine Dispersion, die aus zwei Gruppen von Teilchen besteht: große Monomertröpfchen (Durchmesser in der Größenordnung von 1 mkm) und PMP.

Schematische Darstellungen der Emulsionen vor und nach dem Verschwinden der Mizellen sind in Abbildung 1.1 zu sehen.

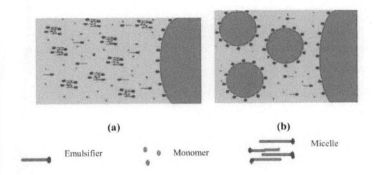

Abb. 1.1. Schematische Darstellung von Emulsionen vor (a) und nach (b) dem Verschwinden der Mizellen.

Die Tatsache des Verschwindens der Mizellen ist ein grundlegender Aspekt für die Schaffung des mizellaren Modells der EP, demzufolge die PMP entstehen, wenn ein aktives Polymerisationszentrum in Mizellen gebildet wird [2, 3]. Nach diesem Modell sind die Monomertröpfchen nicht an den Polymerisationsreaktionen beteiligt, was durch die Fließ-EP in Seifenlösungen ohne Monomertröpfchen im System, aber in Kontakt mit Monomerdampf belegt wird. Es wird angenommen, dass je nach Löslichkeit des Monomers in Wasser die Keimbildung der Monomerradikale im Wasser oder direkt in den Mizellen beginnen kann. Die Bildung von PMP endet bei einer 2-15%igen Umwandlung des Monomers, und dann erfolgt die Polymerisation nur noch in den PMP, deren Anzahl konstant ist und deren Größe kontinuierlich zunimmt. Als Ergebnis erhält man einen Latex mit Partikelgrößen im Bereich von 100200 nm. Nach dem Verschwinden der Mizellen fließt die Polymerisation mit konstanter Geschwindigkeit bis zu einem Monomerumsatz von etwa 60 %, und dieser Zeitraum wird als stationäre Phase der EP betrachtet.

In der Regel beträgt die durchschnittliche Anzahl der Teilchen 10^{14} /ml, und die Bildungsrate der Primärradikale beträgt etwa 10^{13} /ml·sec. Daher hat jedes Teilchen innerhalb von 10 Sekunden nur ein Radikal. Wenn das zweite Radikal in das PMP eintritt, findet ein sofortiger quadratischer Abbruch statt (die quadratische Abbruchkonstante für wachsende Radikale beträgt etwa 10^8 l·(mol·s)$^{-1}$, und die Lebensdauer des Radikals im Partikel beträgt etwa $3·10^{-3}$ sec). Somit enthält zu jedem Zeitpunkt die Hälfte der Teilchen 1 Radikal und die andere Hälfte keins. Aus diesen Berechnungen folgt, dass die Umwandlungsrate von Monomer in Polymer (W) pro Volumeneinheit der Emulsion proportional (a) zur Hälfte der PMP-Zahl und (b) zur Monomerkonzentration in der PMP ist. Ewart und Smith [1] haben auf der Grundlage dieser Berechnungen für einen festen Zeitraum von EP eine Gleichung abgeleitet, die die Abhängigkeit der Polymerisationsrate von der Anzahl der Partikel beschreibt.

$$W = (N/2)K_P M \qquad (1.1)$$

Wobei κ_P - Ausbreitungskonstante der Kette, N - Anzahl der PMP in Volumeneinheit der wässrigen Phase. M - Monomerkonzentration in der PMP.

Ewart und Smith waren auch der Ansicht, dass der Polymerisationsgrad (P) bei einer konstanten Initiatorkonzentration direkt proportional zur Anzahl der Teilchen ist, da mit zunehmendem N die Wahrscheinlichkeit (Häufigkeit) des Eintritts des Radikals in dieses Teilchen abnimmt

$$P = NK_P M/Wi \qquad (1.2)$$

wobei Wi - die Rate der Bildung von Primärradikalen.

Smith und Ewart haben auf der Grundlage des Mechanismus der Bildung mizellarer PMP und der Tatsache, dass ihre Oberfläche mit Emulgatormolekülen bedeckt ist, eine Gleichung der PMP-Zahl in Abhängigkeit von der Emulgatorkonzentration aufgestellt:

$$N = K(W_i/\mu)^{0.4} \bullet (S·a)^{0.6} \qquad (1.3)$$

wobei μ - Wachstumsrate des Partikeldurchmessers, S - die Seifenkonzentration im System a - die vom Seifenmolekül bedeckte Oberfläche der Partikel.

Aus den Gleichungen (1.1)-(1.3) folgt, dass sowohl die Geschwindigkeit als auch der Polymerisationsumsatz mit steigender Emulgatorkonzentration zunehmen sollten, außerdem müssen hochmolekulare Polymermoleküle gebildet werden. Die Autoren haben jedoch nicht berücksichtigt, dass mit zunehmender Partikelanzahl auch die Verweilzeit der Partikel zunimmt und die Polymerisationsrate reduziert werden kann. Es wurde auch festgestellt, dass eine hohe EP-Rate beobachtet wird, wenn die Polymerisation durch einen öllöslichen Initiator oder durch Gammastrahlung ausgelöst wird [5]. In diesen Fällen ist die Umwandlungsrate des Monomers in der Emulsion viel höher als die Rate der Massepolymerisation, was darauf hindeutet, dass die kinetischen Effekte in der Emulsion nicht nur mit der geringen Wahrscheinlichkeit des gleichzeitigen Vorhandenseins von zwei Radikalen in PMP verbunden sind.

Danach wurden Lösungen für die Gleichung der Polymerisationsrate gefunden, wenn zwei oder mehr Radikale gleichzeitig in einem Partikel existieren können [14,15]. Aber auch in diesen Arbeiten gibt es keine Erklärung für die hohe Rate der EP.

Die Gleichungen (1.1) - (1.3) wurden experimentell für den Fall der Initiierung von Styrol-EP durch Persulfatverbindungen bestätigt [16-18]. Sie stehen jedoch im Widerspruch zu vielen kinetischen Ergebnissen, die in anderen Systemen erzielt wurden [15, 19-21].

Bei dem Versuch, eine Reihe signifikanter Unterschiede zwischen den experimentellen Ergebnissen und der Smith-Ewart-Theorie zu erklären, kam Medvedev auf die Idee, dass sich der Hauptbereich des Flusses der Elementarakte der EP in der Adsorptionsschicht des Emulgators auf der Oberfläche des PMP befindet [5,6]. Die Idee entstand im Zusammenhang mit der Tatsache, dass die Emulsionspolymerisation in einigen Fällen mit relativ niedriger Aktivierungsenergie abläuft [6,22].

Nach Medvedev ist die niedrige Aktivierungsenergie eines chemischen Angriffs auf den Einfluss der Emulgator-Adsorptionsschichten auf die Initiierungsreaktion zurückzuführen [5,6]. In einigen Fällen wurde jedoch trotz der hohen EP-Raten keine direkte Wirkung des Emulgators auf den Zerfall von Kaliumpersulfat festgestellt [23,24]. Hohe Strahlungs-EP-Raten deuten darauf hin, dass es neben der Konzentration des Prozesses in diskreten Partikeln und der katalytischen Wirkung der Adsorptionsschicht des Emulgators auf die EP-Kinetik noch weitere Gründe geben muss, die mit anderen Faktoren zusammenhängen. Medvedev machte auf die Tatsache aufmerksam, dass die PMP-Viskosität im stationären Stadium der EP recht hoch ist, und kam anhand der Daten von Fuji [25] für die Bulk-Photopolymerisation von Styrol zu dem Schluss, dass das Erreichen hoher Emulsionspolymerisationsraten mit niedrigen Werten der Abbruchrate der kinetischen Ketten verbunden ist. Insbesondere sind die Effekte der Beschleunigung der Polymerisationsgeschwindigkeit auf die Erhöhung der Viskosität des Mediums zurückzuführen, die bei der Polymerisation von Chloropren beobachtet wird [5,6].

In seiner quantitativen Beschreibung der EP-Kinetik räumte Medvedev die Möglichkeit eines Massenaustauschs zwischen den PMP und ihrer Ausflockung ein. In den Veröffentlichungen von Medvedev findet sich keine Erklärung für die kinetischen Effekte der Strahlungs-EP in Gegenwart von inerten Tensiden sowie für die beobachtete Konstanz der Partikel während der Polymerisation [1, 26-28]. Der Versuch, die hohe EP-Rate mit der hohen Viskosität der Partikel in Verbindung zu bringen, blieb erfolglos. Nach Fuji [25] steigt die Geschwindigkeit der Massenphotopolymerisation von Styrol bei einem Umsatz von 60 % um etwa das 25-fache, während die EP-Rate um zwei Größenordnungen höher ist als die Massenpolymerisationsrate [5] (der Vergleich der Raten in dieser Arbeit bezieht sich auf die durch einen öllöslichen Initiator ausgelöste EP).

In einigen Fällen hat die chemische Reaktion zwischen dem Initiator und dem Emulgator einen erheblichen Einfluss auf die Kinetik der EP [29-31], und die direkte Abhängigkeit der Geschwindigkeit und des Polymerisationsgrads von der Emulgatorkonzentration ist in diesem Fall umgekehrt [29]. Aus diesem Grund wird davon ausgegangen, dass für ein vollständiges Verständnis des Mechanismus und der Topologie der EP die Wechselwirkung zwischen Emulgator und Initiator ausgeschlossen werden sollte und wir uns auf den heterogenen Systemstatus selbst konzentrieren sollten.

1.2. Das Modell der homogenen Keimbildung.

Diesem Modell zufolge findet die Initiierung der Polymermoleküle in der Anfangsphase der EP in der wässrigen Phase statt, und die gebildeten Oligomere werden dann zu Spulen verbunden [10, 32-37].

Nach [37] wird ein homogener Mechanismus zur Bildung von Latexpartikeln in emulgatorfreien Monomer-Wasser-Systemen unterstützt. Die Abwesenheit von Emulgatoren (Mizellen) in primären Monomer-Wasser-Systemen erlaubte es den Autoren [37], die Bildung von Latexpartikeln mit einem homogenen Keimbildungsprozess zu identifizieren, der in vollkommen reinen übersättigten Lösungen stattfindet. Der Prozess der homogenen Keimbildung in reinen Salzlösungen wird als chemische Polymerisationsreaktion dargestellt, bei der der elementare Akt der Aufnahme von Monomermolekülen in die Polymerkette reversibel ist [38,39]:

$$X_1 + X_1 \rightleftarrows X_2$$
$$X_2 + X_1 \rightleftarrows X_3$$
$$\ldots\ldots\ldots\ldots\ldots$$
$$X_{n-1} + X_1 \longrightarrow X_n$$

Der letzte Vorgang ist möglicherweise nicht reversibel, da das keimbildende Oligomer, das seine kritische Größe erreicht hat, weiter wächst [39].

Ein ähnliches Schema zur Beschreibung der Partikelkeimbildung in Styrol-EP, jedoch ohne Reversibilität der Elementarakte, findet sich in [37].

Die Autoren [37] gehen davon aus, dass das Sulfat-Ionen-Radikal (SO$_4$ ⁓), das eine bestimmte Anzahl von Styrolmolekülen (innerhalb von 10) angehängt hat, sich in Wasser als Kern der neuen Phase abscheidet. Diese Annahme steht jedoch nicht im Einklang mit den grundlegenden Konzepten der Bildung neuer Phasen, wonach der Mindestradius des Kerns, in dem er in einer übersättigten Lösung existieren und weiter wachsen kann, durch die folgende Bedingung bestimmt wird:

$$\Delta\mu = 2v\gamma/r \quad (1.4)$$

wobei γ - spezifische freie Oberflächenenergie der Interphase, v - spezifisches Volumen der Moleküle in der Knospe, $\Delta\mu$ - Differenz zwischen den chemischen Potentialen der Moleküle im Muttermedium und in der Knospe.

Für ein wachsendes Radikal ist Gleichung 1.4 nicht anwendbar und die Möglichkeit der Keimbildung der Polymerphase wird durch den Zustand der im Medium gebildeten Oligomere bestimmt. Oligomere mit einer Sulfat-Ionengruppe und einigen Monomereinheiten unterscheiden sich höchstwahrscheinlich in ihren oberflächenaktiven Eigenschaften, und einem Oligomer, das aus 5 Monomereinheiten besteht, die Eigenschaften eines Keimbildners zuzuschreiben, und einem Oligomer mit 4 Monomereinheiten den Status eines molekular löslichen Keimbildners, wird als äußerst zweifelhaft angesehen. Die moderne Keimbildungstheorie [39] erlaubt es, die Oberflächen- und Bulk-Phasenkonzepte für Assoziate, die aus mehreren Molekülen bestehen, zu beschreiben und beweist außerdem, dass die Packungsdichte der Moleküle im Assoziat ihrer Dichte im Makropartikel entspricht.

Da die Polymerisation ein thermodynamisch günstiger Prozess ist, ist $\Delta\mu$ bei jeder Monomerkonzentration in Wasser positiv. Aber in diesem Fall kann die Ausfällung der Polymerphase in der Wasserphase als Ergebnis des Wachstums eines aktiven Zentrums stattfinden, wenn die Kinetik der Radikalreaktionen eine Kettenfortpflanzung bis zur Umwandlung des Makroradikals in eine Spule ermöglicht. Außerdem ist zu berücksichtigen, dass das Polymer in seinem Monomer löslich ist, so dass das Makroradikal im Laufe des Wachstums seine Wasserlöslichkeit verliert und in der Monomerphase löslich wird, so dass die Ausfällung des wachsenden Radikals in der wässrigen Phase seiner Auflösung in Monomertröpfchen gleichzusetzen ist. Daraus folgt, dass die Styrolpolymerisation in einem Monomer-Wasser-Dispersionssystem, selbst wenn die kinetischen Möglichkeiten der Bildung von Polymerspiralen zulässig sind, die Monomer-Solubilisierung und damit die Bildung von Polymer-Monomer-Teilchen kaum ein definitives Stadium der PMP-Bildung sein kann.

Peppard [40] bezweifelt, dass Styrol-Oligomere, die aus 5-10 Monomereinheiten bestehen, die Eigenschaften eines Keimlings haben können, wie in [37] beschrieben. Allerdings hielt er diesen Mechanismus der PMP-Bildung nur dann für möglich, wenn die kinetische Kette auf 30 Monomereinheiten anwächst. Es ist jedoch nicht schwer zu zeigen, dass das primäre Radikal des Styrols während seiner Existenz in der Wasserphase genug Zeit hat, um nur ein oder zwei Monomermoleküle zu verbinden.

Die Lebensdauer des wachsenden Styrolradikals (τ) in gesättigter wässriger Kaliumpersulfatlösung und die Anzahl der Monomereinheiten (m), an die es sich während dieser Zeit anlagern kann, sind gleich:

$$\tau = \frac{n}{K_i J} = \left(\frac{1}{K_i K_t I}\right)^{0.5} ;$$
$$m = K_p C_o \tau \qquad (1.5)$$

wobei K_i - thermische Zersetzungskonstante von Persulfat, K_p und K_t - Kettenfortpflanzungs- und Kettenabbruchkonstanten der Styrolradikale, C_0 - Löslichkeit von Styrol in Wasser, I - die Konzentration des Initiators, n - stationäre Konzentration der aktiven Zentren.

Bei 50° C, $K_i = 10^{-6}$ s^{-1} ; $Kt = 3 \cdot 10^7$ dm^3/mol·s; $K_p = 125$ dm^3/mol·s [63];

$C_0 = 4 \cdot 10^{-3}$ mol/dm^3 [37, 41].

Numerische Berechnungen ergeben bei der optimalen Konzentration von Persulfat in Wasser ($[I] = 0,01$ mol/dm^3) folgendes Ergebnis

$m \approx 1$

Hansen und Ugelstad [37] ließen das Kettenwachstum bis zu 10 Monomereinheiten zu. Diese Schlussfolgerung stützt sich auf die Ergebnisse der Messung des Molekulargewichts von Polymeren in der Anfangsphase der Polymerisation [42-44].

Fitch [35] nahm an, dass die meisten der wachsenden Styrolradikale in einem sehr frühen Stadium des Wachstums absterben. Die Bildung von Oligomeren mit einer Länge von 10 Monomereinheiten wurde von ihm mit der Möglichkeit der Existenz einiger weniger langlebiger Radikale in der Wasserphase erklärt. Während der ersten 5 Minuten der Polymerisation erreicht die Konzentration solcher Oligomere im Wasser jedoch nur $3 \cdot 10^{-9}$ mol/dm^3 und kann kaum gemessen oder von den anderen Oligomeren unterschieden werden (die gesamte Oligomerkonzentration erreicht zu diesem Zeitpunkt den Wert von $3 \cdot 10^{-6}$ mol/dm^3). Daher gibt es gute Gründe für die Annahme, dass die Bildung großer Polystyrolmoleküle und -oligomere in Wasser nicht nur das Ergebnis von Radikalreaktionen sein kann, die in styrolgesättigter wässriger Kaliumpersulfatlösung ablaufen.

Nach [45-47] kann es bei der Polymerisation von schwer wasserlöslichen Monomeren zu einer homogenen Teilchenbildung kommen. Alexander schlug vor, dass die Bildung von PMP bei EP von Vinylacetat als Ergebnis des Kettenwachstums in der wässrigen Phase auftritt [47] und der Mechanismus dieses Prozesses dem Mechanismus der homogenen Keimbildung ähnlich ist. Alexander, der dem mizellaren Mechanismus der Partikelbildung eine homogene Keimbildung entgegensetzt, betont die Tatsache, dass kein Bremspunkt in der Vinylacetat-EP-Kurve der Polymerisationsgeschwindigkeit in Abhängigkeit von der Emulgatorkonzentration beobachtet wird [48]. Ein Vergleich der Raten der Emulsions-, der wässrigen und der Massepolymerisation dieses Monomers [49] deutet darauf hin, dass die Rate der wässrigen (homogenen) Polymerisation von Vinylacetat höher ist als in den anderen beiden Fällen, und die Durchführung der Polymerisation in mizellarer Emulsion kann den Mechanismus der Partikelbildung in der dispergierten Phase des Polymers verändern, ohne die Rate des Prozesses zu beeinflussen.

Einige Autoren [50] halten die Bildung von Partikeln durch einen mizellaren Mechanismus für unmöglich, da das Sulfat-Ionen-Radikal das elektrostatische Oberflächenpotenzial der verschluckten Monomermizellen nicht überwinden kann, um in ihr Volumen einzudringen. In diesem Zusammenhang ist anzumerken, dass die Autoren des mizellaren Modells das Eindringen des primären Radikals in die Mizelle nicht als notwendigen Schritt betrachteten. Das aktive Zentrum mit einer Gruppe von Sulfat-Ionen kann nach dem ersten oder zweiten Akt des Eintritts des Monomermoleküls und dem Erwerb der Eigenschaften der Oberflächenaktivität in die Mizelle eindringen. Geht man von der mizellaren Gleichgewichtslösung des Emulgators aus, so zeigt sich, dass das Auftreten oberflächenaktiver Radikale in Wasser zur Bildung gemischter Mizellen sowohl aus Emulgatormolekülen als auch aus oligomeren Radikalen führen muss.

Während das Eindringen des wachsenden Radikals in die mit Monomeren gequollene Mizelle leicht vorstellbar ist, ist dies bei der Erzeugung von PMP durch Ausflocken von Mizellen nicht der Fall. Diese Frage wird im nächsten Kapitel ausführlich erörtert.

Fitch [35,36] beobachtete die Bildung von Partikeln bei der Polymerisation von Methylmethacrylat in verdünnter wässriger Lösung dieses Monomers. Die Polymerisation wurde von der Ausfällung des Polymers in der Wasserphase begleitet. Die Bildung von Polymerpartikeln ist nach Fitch das Ergebnis einer intensiven Ausflockung der abgetrennten wachsenden Radikale in Wasser. Fitch geht davon aus, dass die Ausflockung der Radikale das elektrostatische Oberflächenpotenzial überwindet, und nachdem die Oberflächenladungsdichte der Teilchen einen bestimmten kritischen Wert erreicht hat, wird die Ausflockung der Keimbildung ausgesetzt. Eine weitere Vergrößerung des Partikeldurchmessers erfolgt nach Fitch durch die Ausflockung der Partikel selbst und dadurch, dass sie die wachsenden Radikale, die noch nicht im Wasser ausgefallen sind, einfangen.

Sowohl mizellare als auch homogene Modelle der EP berücksichtigen nicht die Existenz einer hoch entwickelten Grenzmonomerschicht in der Nähe der Grenzfläche. In hochdispersen Wasser-Monomer-Systemen können jedoch Prozesse, die an der Grenzfläche stattfinden, die Kinetik chemischer Reaktionen und den Bildungsmechanismus von PMP erheblich beeinflussen. Diese Fragen sollen in den folgenden Kapiteln erörtert werden.

Kapitel 2

PMP-Erzeugung an der Monomer-Wasser-Grenzfläche

2.1. Topologie der PMP-Erzeugung in einem statischen Monomer-Wasser-System

Wird Styrol in Thermoröhrchen genau über einer wässrigen Lösung von K2S2O4 geschichtet, so kann man unter statischen Bedingungen bei 50° C und nach etwa 1,5-2 Stunden das Auftreten einer Trübung in einer wässrigen Phase beobachten. Die wässrige Phase verwandelt sich daraufhin in einen stabilen Latex (Abb. 2.1).

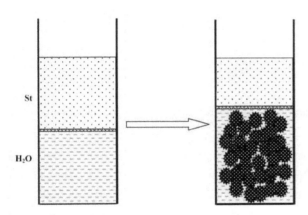

Abb. 2.1 Schematische Darstellung der Umwandlung des statischen Systems Monomer - Wasser in Latex

Die Bildung von Partikeln in einem statischen System aus Styrol und wässriger K2S2O4-Lösung wurde auch in [52, 53] beobachtet. In diesen Studien maßen die Autoren die Größe und Anzahl der während der Polymerisation in der wässrigen Phase gebildeten Partikel. Diese Messungen ergaben eine dramatische Abnahme der Partikelanzahl am Ende des Prozesses (Abnahme um mehr als das Zehnfache). Die Autoren glauben, dass diese Tatsache eine Folge der Ausflockung der Partikel ist.

Eine Trübung der Wasserphase wird auch beobachtet, wenn die Polymerisation mit öllöslichen Initiatoren (z. B. 2,2'-Azo-bis-isobutyronitril (AIBN)) eingeleitet wird. In diesem Fall tritt die Trübung viel später auf als bei wasserlöslichen Initiatoren, und die wässrige Phase geht in eine instabile Dispersion über. Vorläufig könnte man annehmen, dass in einem statischen System Styrol in die wässrige Phase diffundiert und die Bildung von Partikeln in dieser Phase durch einen homogenen Keimbildungsmechanismus erfolgt. Um diese Hypothese zu überprüfen, wurde die Styrolpolymerisation in einem U-förmigen Rohr durchgeführt, wobei das Styrol in einem Arm auf Wasser geschichtet und im anderen Arm Initiatorpulver zugegeben wurde [51]. In einem solchen

System konnten sich die AIBN-Moleküle in Wasser in primäre Radikale zersetzen und mit Styrol interagieren. Andererseits wurde bei dieser Versuchsreihe erwartet, dass eine Trübung in der Nähe der Grenzfläche einsetzt, wenn sich keine Partikel im Wasser bilden und wenn sie an der Grenzfläche entstehen. Tatsächlich wurde hier und nach 14-15 Stunden Inkubation eine Trübung in einer schmalen Schicht an der Grenzfläche zwischen Monomer und Wasser beobachtet (Abb. 2.2).

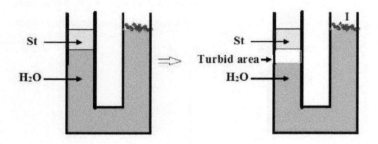

Abbildung 2.2 Topologie der Trübungskarte der wässrigen Phase in einem Dreiphasensystem aus Styrol-Wasser-AIBN(1)

Anschließend nimmt die Trübung ab, und schließlich bildet sich, im Gegensatz zum Zweiphasensystem, eine stabile Dispersion mit einer Partikelgröße von 250 nm. Die Ergebnisse der Experimente im Dreiphasensystem widerlegen die Annahme über die Möglichkeit der Partikelbildung in der wässrigen Phase und zeigen deutlich, dass die Partikelbildung an der Grenzfläche der Bulk-Phasen stattfindet. Die Stabilität der Latexpartikel, die im Dreiphasensystem Styrol-Wasser-AIBN erreicht wird, kann mit der Möglichkeit in Verbindung gebracht werden, die Polymerisation durch HO-Radikale zu initiieren, wobei OH-stabilisierende Gruppen auf der Oberfläche der dispergierten Partikel beobachtet werden. Die Synthese von HO-Radikalen und die radikalische Initiierung des Monomers im Wasser kann in der wässrigen Phase wie folgt ablaufen:

$$\text{H}_3\text{C}-\underset{\underset{\text{CH}_3}{|}}{\overset{\overset{\text{CN}}{|}}{\text{C}}}\cdot \; + \text{HOH} \longrightarrow 2 \; \text{H}_3\text{C}-\underset{\underset{\text{CH}_3}{|}}{\overset{\overset{\text{CN}}{|}}{\text{CH}}} + \text{HO}^\bullet$$

$$\text{HO}^\bullet + \text{M (monomer molecule)} \rightarrow \text{HOM}^\bullet$$

Bei der Suche nach Experimenten zur direkten Beobachtung der Bildung von Partikeln in getrennten Zonen des Styrol-Wasser-Systems wurde vorgeschlagen, dass durch Erhöhung der Dichte der wässrigen Phase eine längere Verweilzeit der Partikel in der Zone ihrer Bildung erreicht werden kann [51, 54,55].

Eine Möglichkeit, die Dichte der wässrigen Phase zu erhöhen, ohne die Anzahl der Komponenten im System zu erhöhen, besteht darin, die Konzentration von Kaliumpersulfat im Wasser zu erhöhen, was die Wahrscheinlichkeit der Bildung von Partikeln im Volumen der Wasserphase verringert (dieser Aspekt verringert das statistische Verhältnis der lange wachsenden Radikale im Wasser). Kaliumpersulfat kann jedoch neben seiner Rolle als Polymerisationsinitiator auch eine destabilisierende Wirkung auf das System als Elektrolyt haben. Ein ähnlicher Effekt kann auch von anderen ionischen Verunreinigungen ausgehen. Darüber hinaus kann die Delokalisierung von Teilchen aus der Zone ihrer Entstehung durch Temperaturschwankungen verursacht werden. Aus diesen Gründen erfordern die Experimente in [51] eine hohe Reinheit und Bedingungen, unter denen zufällige Temperaturschwankungen auf ein Minimum reduziert werden sollten. Die Experimente wurden in Flachbodenröhrchen durchgeführt, die am Deckel von Kristallisationsapparaten befestigt sind, die für die Züchtung von Kristallen aus Lösungen unter isothermen Bedingungen vorgesehen sind. Diese Geräte sind für langfristige kontinuierliche Arbeit ausgelegt und mit einem elektronischen Relais ausgestattet, das dem System eine hochpräzise konstante Temperatur verleiht [56].

Um K2S2O8 von hoher Reinheit zu erhalten, wurden in einem Kristallisationsapparat Einkristalle des Salzes zum Wachsen gebracht.

Vor Beginn der Versuche wurden die wässrigen Lösungen von Styrol und K2S2O8 getrennt thermostatisiert. Dann wurde das Styrol vorsichtig auf die Oberfläche der wässrigen Phase geschichtet, ohne sie zu stören. Die K2S2O8-Konzentration wurde in einem Bereich von 0,05 bis 3,0 Gew.-% variiert. Die Höhe der wässrigen Phase war in allen Röhren auf 60 mm eingestellt, der Durchmesser der Röhren betrug 28 mm. In dem Rohr, in dem die Persulfatkonzentration 2 % betrug, wurde das spezifische Trübungsmuster der wässrigen Phase beobachtet. Zunächst erschien die Trübung als schmale Grenzschicht auf der Seite der wässrigen Phase an der Grenzfläche und verstärkte sich dann an der gesamten Front, die sich nach unten erstreckte (Abbildung 2.3). Die Trübung der verbleibenden Röhren wurde im gesamten Volumen der wässrigen Phase festgestellt.

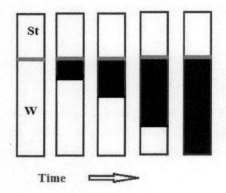

Abb.2.3 *Dynamik der Trübungsausbreitung in der wässrigen Phase in einem statischen System aus Styrol-2%iger wässriger Lösung von Kaliumpersulfat (W)*

Ein solches Bild der lokalen Trübung der wässrigen Phase wurde bei verschiedenen Konzentrationen von Kaliumpersulfat nahe 2 % reproduziert. Geringfügige Schwankungen der Salzkonzentration gegenüber dem in diesem Experiment festgelegten Wert führten zu einer starken Vergrößerung der Zone der anfänglichen Trübung der wässrigen Phase.

Die Dichte einer 2 %igen wässrigen Lösung von $K_2S_2O_8$ bei 50 °C beträgt 1,014 g/cm^3, was deutlich unter der Dichte von Polystyrol (1,05 g/cm^3) liegt und die Vermutung nahelegt, dass dispergierte Partikel in Form von Monomermikrotröpfchen entstehen.

Die erzielten Ergebnisse zeigen direkt, dass es durch die Einstellung eines Dichtegradienten der wässrigen Phase möglich wäre, Partikelkonzentrationen in einer Höhe zu erreichen, unterhalb derer die Dichte der wässrigen Phase höher ist als die Dichte von PMP.

Der Dichtegradient in einer wässrigen Phase wurde durch kontinuierliches Lösen von Kaliumpersulfat in Wasser bei gleichzeitiger Durchführung der Styrolpolymerisation im Dreiphasensystem Monomer-Wasser-K2S2O8-Einkristall erzeugt (Abb. 2.4). Wie oben erwähnt, betrug die Höhe der wässrigen Phase 60 mm und der Durchmesser der Rohre 28 mm. In allen Versuchsreihen wird nach etwa 120130 min ein trüber Ring in der Mitte der wässrigen Phase in einem Abstand von 30 mm von der Oberfläche des Einkristalls beobachtet (Abbildung 2.4).

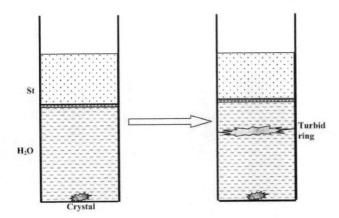

Fig.2.4   Die Polymerisation von Styrol in dem Dreiphasensystem Monomer - Wasser - Kaliumpersulfat-Einkristall.

Nach dem Auftreten der genannten Ringe verteilt sich die Trübung im Bereich zwischen dem Ring und der Grenzfläche zwischen Monomer und Wasser, während der Bereich zwischen dem Ring und dem Oberflächeneinkristall die ganze Zeit über erhalten bleibt, wenn der Auflösungsprozess des Salzes noch im Gange ist.

Es könnte angenommen werden, dass die lokale Trübung auf die Heterogenität der Initiierungsreaktion auf verschiedenen Ebenen der wässrigen Phase zurückzuführen ist. Um diesen Vorschlag zu testen, wurde Kaliumpersulfat in Wasser aufgelöst, und um einen Dichtegradienten zu erzeugen, wurden Kaliumpersulfatkristalle durch Kaliumsulfatkristalle ersetzt. Das Bild der Bildung des Trübungsrings wurde reproduziert.

In einer anderen Versuchsreihe wurde Methanol in Styrol aufgelöst, um einen signifikanten Dichtegradienten in der wässrigen Phase zu erzeugen [54,55]. Die Volumina der Styrol-, Methanol- und wässrigen Phase betrugen 2, 5 bzw. 30 ml, die Temperatur der Versuche lag bei 60°C. Die Dynamik der Trübung der wässrigen Phase wurde fotografiert. Die Ergebnisse sind in Abb. 2.5 dargestellt. Diese Bilder zeigen deutlich die Dynamik des Prozesses der Anhäufung von Partikeln im System: zunächst sind sie in einer schmalen Zone der Wasserphase nahe der Monomer-Wasser-Grenzfläche lokalisiert, dann tauchen sie allmählich in die Tiefe der wässrigen Phase ein. Ein ähnliches Bild ergibt sich, wenn Styrol und Vinylacetat ersetzt werden (Abbildung 2.6). Im Falle der Vinylacetatpolymerisation besteht die Wahrscheinlichkeit, dass sich ein Parallelfluss der Polymerteilchen in der wässrigen Phase bildet. In der Anfangsphase der Polymerisation scheint die Konzentration von Vinylacetat in Wasser jedoch gering zu sein, so dass die Keimbildung der Teilchen hauptsächlich an der Grenzfläche stattfindet (Abbildung 2.6).

Die Dichten der verschiedenen Zonen der wässrigen Phase zum Zeitpunkt des Auftretens der Trübungsschicht sind in Abbildung 2.7 dargestellt

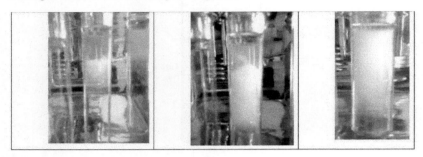

Fig.2.5   Dynamik der Latexbildung im statischen System Styrol - wässrige Lösung von Kaliumpersulfat in Gegenwart von Methanol

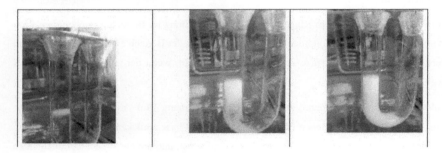

Abb.2.6 Dynamik des Latex in einem statischen System Vinylacetat - wässrige Lösung von Kaliumpersulfat in Gegenwart von Methanol

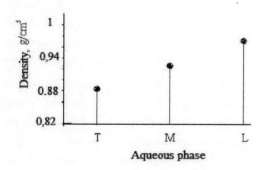

Fig.2.7   Dichte in verschiedenen Zonen der wässrigen Phase in einem statischen System Monomer (Vinylacetat, Styrol) - wässrige Lösung von Kaliumpersulfat zum Zeitpunkt des

Auftretens der Trübung in der wässrigen Phase (T - oben, M - mittel L - untere Zone der wässrigen Phase).

Vergleicht man die Dichten in den verschiedenen Zonen der wässrigen Phase mit der Dichte von Polystyrol und Polyvinylacetat (1,06 bzw. 1,15 g/cm^3), so zeigt sich einmal mehr, dass die dispergierten Teilchen in den Anfangsstadien der Polymerisation nichts anderes als Monomer-Mikrotröpfchen sind, die eine gewisse Menge an Polymermolekülen enthalten.

Wenn Methanol zugeführt wird, besteht die Möglichkeit, dass sich der Mechanismus der Zersetzung von Kaliumpersulfat in freie Radikale ändert [57]:

1. $S_2O_8^{2-} \rightarrow 2\ SO_4^{-\bullet}$
2. $SO_4^{-\bullet} + CH_3OH \rightarrow HSO_4^- + {}^\bullet CH_2OH$
3. ${}^\bullet CH_2OH + S_2O_8^{2-} \rightarrow HSO_4^- + SO_4^{-\bullet} + CH_2O$

Um eine solche Veränderung zu vermeiden, wurde in einer weiteren Versuchsreihe das Methanol durch Ethanol ersetzt.

Die Ergebnisse sind in Abb. 2.8 und 2.9 dargestellt. Diese Abbildungen zeigen, dass bei einer möglichen Änderung des Initiierungsmechanismus der Polymerisation in der wässrigen Phase die lokale Dynamik des topologischen Bildes der lokalen Trübungszonen in der wässrigen Phase nicht verändert wird

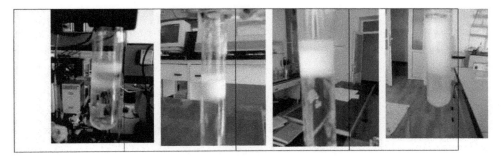

Abb.2.8 Dynamik der Latexbildung in einem statischen System aus Styrol-Lösung in Ethanol-Wasser-Lösung von Kaliumpersulfat.

Die oben dargestellten Experimente ermöglichten es, die Ansammlung von Partikeln in den einzelnen Zonen der wässrigen Phase visuell zu beobachten. Es ist jedoch schwierig anzunehmen, dass es strikte Randbedingungen für die Anreicherung der Partikel in der Zone ihrer Entstehung geben sollte. Die Verweildauer der Partikel an der Grenzfläche sollte in funktionaler Abhängigkeit von der Wasserdichte und der Polymerisationsrate im Partikel stehen, und bei besserer Messgenauigkeit *kann diese Abhängigkeit experimentell nachgewiesen werden.*

Fasst man die Ergebnisse der beschriebenen Experimente zusammen, so kann man zu dem Schluss kommen, dass die Monomer-Wasser-Grenzfläche einer der Keimbildungsbereiche bei der Polymerisation in statischen heterogenen Systemen ist.

Abb.2.9 Dynamik des Latex in einem statischen System, Vinylacetatlösung in Ethanol-Wasser-Lösung von Kaliumpersulfat.

2.2. Der Mechanismus der Bildung von PMP an der Grenzfläche zwischen Monomer und Wasser

Um in einem Monomer-Wasser-System eine neue Grenzfläche (z. B. Mikrotröpfchen oder Monomertröpfchen) zu bilden, wird eine Energiequelle benötigt, die diese Aufgabe erfüllt.

In heterogenen Systemen kann eine neue Oberfläche durch elastische Verformung der bestehenden Grenzflächen entstehen, wenn eine gewisse Menge Material von einer Phase auf eine andere übertragen wird und auf der Oberfläche Erhebungen und/oder Vertiefungen entstehen. Die neue Oberfläche kann auch jede der Phasen in kleine Partikel unterteilen. Wenn beide Phasen flüssig sind, ist die Mindestarbeit zur Schaffung einer Einheitsoberfläche für alle bekannten Methoden gleich und wird nur durch die Temperatur und das chemische Potenzial der sich berührenden Phasen bestimmt [58]. Daraus folgt, dass, wenn die freigesetzte Polymerisationswärme an der Grenzfläche in der Lage ist, eine gewisse Menge an Monomer in die wässrige Phase zu übertragen, auch angenommen werden kann, dass die Polymerisationsreaktion die Grenzfläche verformen und das System dispergieren kann. Wenn wir von einem anfänglichen Gleichgewichtszustand des Systems ausgehen, ist der Transfer einer bestimmten Menge des Monomers in die monomergesättigte wässrige Phase gleichbedeutend mit einer Übersättigung des Wassers mit Monomermolekülen. In diesem Fall wäre die Bildung von Monomermikrotröpfchen in der wässrigen Phase in der Nähe der Grenzfläche zu erwarten.

Zur Berechnung der treibenden Kraft bei der Polymerisationsreaktion, um das Monomer-Wasser-System zu dispergieren, kann man den Wert der spezifischen freien Energie der Grenzfläche verwenden und davon ausgehen, dass die von einem Monomermolekül an der Grenzfläche eingenommene Fläche gleich 1/4 seiner Oberfläche ist [60]. Dann ist die freie Oberflächenenergie pro Monomermolekül gleich

$$E = \gamma/4\pi r^2 \qquad (2.1)$$

wobei r der Radius des Monomermoleküls ist (für Styrol $\approx 2\cdot 10^{-10}$ m), γ - die Oberflächenspannung an der Grenzfläche zwischen Monomer und Wasser (spezifische freie Oberflächenenergie).

Für Styrol

$$\gamma = 33 \text{ mJ/m}^2 \text{ [41]} \qquad (2.2)$$

und

$$E \approx 4\cdot 10^{-18} \text{ mJ} = 4\ 10^{-14} \text{ erg} \qquad (2.3)$$

Damit das Styrolmolekül die Grenzfläche verlässt und in die wässrige Phase diffundiert, ist eine Energiemenge erforderlich, die dem dreifachen Vielfachen von $4\cdot 10^{-14}$ erg entspricht, da die verbleibenden 3/4 der Fläche des Styrolmoleküls mit benachbarten Molekülen in der Hauptmonomerphase verbunden sind (Abb. 2.10).

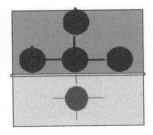

Abb. 2.10 Ein Schema, das zeigt, dass nur1/4 der Fläche des Monomermoleküls an der Grenzfläche besetzt ist

Die Reaktionswärme, die bei der radikalischen Polymerisation freigesetzt wird, ist ungefähr gleich 20 kcal /mol, was ungefähr 1,4 - 10 erg / Molekül entspricht.

So können in einem Monomer-Wasser-System bei jedem Auftreten eines polymerisationsaktiven Zentrums mindestens 10 Monomermoleküle die Oberfläche in der Grenzschichtzone verlassen und in die monomergesättigte wässrige Phase gelangen. In Wasser neigen die unpolaren Kohlenwasserstoffmoleküle zur Assoziation und zur Entstehung stabiler Mikrotröpfchen ist nur eine geringe Übersättigung erforderlich [61].

Das weitere Schicksal der Mikrotröpfchen hängt von der chemischen Zusammensetzung der wässrigen Phase ab. In reinem Wasser werden die Mikrotröpfchen ausgeflockt, unterliegen einer umgekehrten Sedimentation und verschmelzen mit der Monomerphase. Wenn Tenside vorhanden sind, können die Mikrotröpfchen stabilisiert werden und eine stabile Emulsion bilden. Die Stabilisierung von Monomermikrotröpfchen kann auch durch sulfathaltige Endgruppen wachsender Radikale bewirkt werden.

Die Möglichkeit der Bildung von Mikrotropfen aufgrund von Monomerpolymerisation an der Wasser-Monomer-Grenzfläche ergibt sich auch aus der Abhängigkeit der Grenzflächenspannung γ von der Temperatur [60].

$$\gamma = \gamma_0 (1 - T/T_c)^n \qquad (2.4)$$

wobei n - Konstante, die von der Art der Verbindung abhängt (für organische Flüssigkeiten $n = 11/9$) [60], γ_0 - anfängliche Grenzflächenspannung, T_c - kritische Temperatur der Flüssigkeit (bei $T = T_c$ wird eine Vermischung der Phasen beobachtet). Wie aus 2.4 hervorgeht, führt ein Temperaturanstieg zu einer deutlichen Abnahme von γ. Somit findet bei jedem Reaktionsvorgang eine partielle Vermischung der Flüssigkeiten in bestimmten Bereichen der Grenzfläche statt. In Anwesenheit stabilisierender Substanzen ist dieser Prozess unwiderruflich und führt zur Bildung von Mikrotröpfchen von Flüssigkeiten ineinander.

Die Dispersion des Monomer-Wasser-Systems in mizellaren Emulsionen wird mit Sicherheit zum Verschwinden der Mizellen führen. Nach der thermodynamischen Theorie der Mizellenbildung entstehen Mizellen in Wasser, wenn die Konzentration der gelösten Emulgatormoleküle höher ist als die kritische Mizellenkonzentration (CMC). Bei der CMC sind die chemischen Potenziale der Emulgatormoleküle in Wasser μ_w und der Mizellen μ_m angeglichen, und das System befindet sich im Gleichgewicht:

$$\mu_w = \mu_m \qquad (2.5)$$

Eine notwendige Bedingung für das Verschwinden der Mizellen ist die Verringerung der Konzentration des Emulgators im Wasser und die Verletzung der Gleichgewichtsbedingungen (2.5). Dies ist offensichtlich der Fall, wenn die Adsorption eines Emulgators aus der wässrigen Phase an der Oberfläche der dispergierten Partikel stattfindet.

Um den Mechanismus der Stabilisierung von monomeren Mikrotröpfchen in einem statischen System aus Styrol und einer wässrigen Kaliumpersulfatlösung zu klären, wurde eine elektrochemische Methode zum Nachweis biphiler organischer Moleküle in einer wässrigen Elektrolytlösung entwickelt [51]. Bei der Suche nach wirksamen Methoden zum Nachweis solcher Moleküle schenken die Autoren der hohen Empfindlichkeit der Kapazität der elektrischen Doppelschicht der Platinelektrode gegenüber dem Vorhandensein von wässrigen Elektrolytlösungen von Kohlenwasserstoffen besondere Aufmerksamkeit [62-64]. In diesen Arbeiten wurde gezeigt, dass durch kontinuierliche Messung dieses Parameters die Reaktionen, die zur Bildung von Styrol-Oligomeren in einer wässrigen Lösung von Kaliumpersulfat führen, nachgewiesen werden können.

Das Schema der Apparatur, in der die elektrochemischen Messungen durchgeführt wurden, ist in Abbildung 2.11 dargestellt.

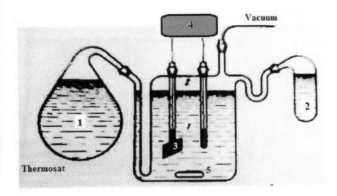

Abb. 2.11. Schema einer elektrochemischen Polymerisationszelle:

1 - wässrige Phase, 2 - Monomerphase, 3 - Platinelektrode, 4 - AC-Brücke, 5 - Magnetrührer. Das Arbeitsprinzip: Vor dem Aufschichten des Monomers auf die wässrige Phase wird das System durch Einfrieren und Auftauen unter Vakuum von Sauerstoff befreit. Nach dem Einstellen der Betriebstemperatur wurden die Kolben 1 und 2 nacheinander in das System aus Styrol und wässriger Phase überführt, danach begann die kontinuierliche elektrochemische Messung mit Hilfe der AC-Brücke 4.

Abbildung 2.12 zeigt die Veränderung der Kapazität der elektrischen Doppelplatinelektrode, die in das wässrige Monomerphasensystem - Wasser - eingetaucht ist. (C0 Kapazitätswert zum ersten Zeitpunkt der Messung, C - zu einem bestimmten Zeitpunkt)

Die Kurven 1 und 2 in Abb. 2.11 entsprechen Messungen in wässrigen Lösungen von Natriumsulfat bzw. Kaliumpersulfat in Abwesenheit von organischen Substanzen. Kurve 3 entspricht der Diffusion von Styrol in der Kaliumsulfatlösung und seiner Adsorption an der Elektrodenoberfläche. Kurve 4 zeigt die Veränderung der Kapazität der elektrischen Doppelschicht bei der Diffusion von Styrol in einer wässrigen Lösung von $K_2S_2O_8$. Die Überlappung der Kurven 1 und 2 lässt vermuten, dass der Unterschied in der Diffusionskapazität von Styrol in wässrigen Lösungen von Natriumsulfat und

Kaliumpersulfat auf die Bildung aktiver Tenside in einer wässrigen Lösung von K2S2O8 zurückzuführen ist.

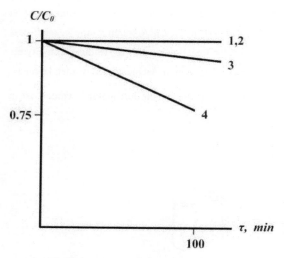

Abbildung 2.12. Abhängigkeit des Verhältnisses C/C0 von der Zeit. 1- 0,2 Gew.-% wässrige Lösung von Kaliumsulfat, 2- 0,2 Gew.-% Lösung von Kaliumpersulfat, 3- Wasserphase im 2-Phasen-System Styrol - 0,2 Gew.-% wässrige Lösung von Kaliumsulfat 4- Wasserphase im 2-Phasen-System Styrol - 0,2 Gew.-% wässrige Lösung von Kaliumpersulfat System.

In [65] wurde die Oberflächenspannung von Styrol in wässriger Kaliumpersulfatlösung während der Polymerisation gemessen. Diese Ergebnisse stimmen mit den in Abbildung 2.12 gezeigten Resultaten überein.

Zur Bewertung der stabilisierenden Eigenschaften von oberflächenaktiven Oligomeren, die in wässriger Styrol-Persulfat-Lösung synthetisiert wurden, wurden die Berechnungen des hydrophil-lipophilen Gleichgewichts (HLB) der oligomeren Moleküle und Radikale durchgeführt. Die Gleichung (2.6) für die HLB-Berechnung ist als Davis-Gleichung [60] bekannt:

$$HLB = 7 + nA - mB \qquad (2.6)$$

wobei A und B Zahlen sind, die die Hydrophilie der polaren und die Hydrophobie der Alkylgruppen des organischen Moleküls charakterisieren, n und m sind gleich der Anzahl der polaren bzw. unpolaren Gruppen im Molekül.

Experimentell ermittelte Werte für A und B für die verschiedenen Gruppen sind in [60] angegeben. Aus diesen Daten geht hervor, dass für die Gruppe SO_4 $A = 40,7$ und für die Gruppen CH_3-, $-CH_2-$ und $-C= B = 0,475$. In Übereinstimmung mit der Tatsache, dass das Vorhandensein eines Benzolrings im Styrolmolekül 3,5 Methylengruppen entspricht [66], kann B für Styrol wie folgt berechnet werden:

$$B = (3.5 + 2) \bullet 0.475 = 2.6 \qquad (2.7)$$

Durch Einsetzen der numerischen Werte von A und B in (2.6) wurde die folgende Gleichung für den HLB-Wert des wachsenden Styrolradikals abgeleitet:

$$HLB = 47.7 - 2.6\,m \qquad (2.8)$$

Tabelle 2.1 zeigt die kolloidalen Eigenschaften des Tensids mit HLB-Werten [60]. In Tabelle 2.2 sind die HLB-Werte des wachsenden Radikals Styrol nach Gl. (2.8) berechnet.

Tabelle 2.1. HLB-Skala

Löslichkeit von Tensiden in Wasser	HLB	Anmerkungen
Nicht dispergieren	0	
Schlechte Dispersität	2	Emulgator vom Typ Wasser/Öl
	4	
	6	
Schlammige, instabile Dispersion	8	
Schlammige stabile Dispersion	10	Benetzungsreagenz
Transluzente oder transparente Lösung	12	Waschmittel
	14	
Transluzente oder transparente Lösung	14	Emulgator vom Typ Öl/Wasser
	16	
	18	

Tab.2.2. HLB des wachsenden Styrolradikals

m	1	10	11	13	14	15	16	17
HLB	45.1	21.7	19.1	13.9	11.3	8.7	6.1	3.5

Die Daten in den Tabellen 2.1 und 2.2 lassen vermuten, dass die Stabilität der gebildeten Monomermikrotröpfchen auf das Vorhandensein von S04-Ionenendgruppen in den Polymermolekülen zurückzuführen ist (bei der Polymerisation von Styrol in wässriger Lösung von K2S208 beträgt die durchschnittliche kinetische Kettenlänge bis zu zwei).

Wie bereits in diesem Kapitel erwähnt, bleibt der Energieverbrauch in flüssigen heterogenen Systemen unabhängig von der Art und Weise der Bildung einer neuen Grenzfläche gleich, weshalb nicht ausgeschlossen werden kann, dass die Polymerisationsreaktion an der Monomer-Wasser-Grenzfläche zu einem anderen Dispersionsmechanismus des Systems führt. In diesem Kapitel wollen wir vor allem zeigen, dass ein solcher Prozess direkt an der Grenzfläche stattfinden kann.

Kapitel 3

Polymerisationszonen in einem hochdispersen Monomer-Wasser-System

3.1. Physikalische und chemische Beschreibung der Grenzfläche zwischen Monomer und Wasser.

PMP oder Monomertröpfchen sollten mindestens zwei qualitativ unterschiedliche Polymerisationszonen aufweisen. Diese Forderung ergibt sich aus der Thermodynamik heterogener Systeme, wonach in Systemen aus zwei nicht mischbaren Flüssigkeiten - wie oben erwähnt Monomertröpfchen-Wasser- oder PMP-Wasser-Systeme - zwischen der homogenen Phase und dem Grenzbereich unterschieden werden muss, wobei letzterem eine bestimmte Schichtdicke zugewiesen wird [67,68]. Diese Schichtdicke wird als Abstand von der Grenzfläche bezeichnet, innerhalb dessen sich die Parameter der Flüssigkeiten erheblich von denen in ihren Bulkphasen unterscheiden [68].

Die Dicke der Grenzschicht kann durch verschiedene Parameter bestimmt werden, und es ist offensichtlich, dass sie von dem gewählten Parameter abhängt. Mit Methoden der statistischen Mechanik [68] wurde eine asymptotische Formel eingeführt, die die Änderungen der Dichte der Flüssigkeit in Abhängigkeit vom Abstand h von der Grenzfläche beschreibt, und mit Hilfe dieser Formel wurde die Dicke der Grenzschicht bestimmt:

$$\rho = \rho_0 + \frac{\pi \rho_0^2 x_0 (B'\rho' - B\rho_0)}{6} \cdot \frac{1}{h^3} \quad (3.1)$$

Dabei ist ρ_o die Dichte und χ_o die isotherme Kompressibilität der Flüssigkeit; B und B' sind Konstanten der Van-der-Waals-Wechselwirkung zwischen den Flüssigkeitsmolekülen selbst sowie ihrer Wechselwirkung mit den Molekülen der anderen Phase, ρ - Dichte der Flüssigkeit in der Grenzschicht, ρ' - die Dichte der anderen Phase.

Für das System Styrol-Wasser $\rho' > \rho_0$ und mit B', $\rho' > B\rho_0$ an der Monomer-Wasser-Grenzfläche muss die Dichte des Monomers an der Grenzfläche höher sein als seine Schüttdichte und die Polymerisation in dieser Schicht muss mit erhöhter Geschwindigkeit ablaufen. Wichtig ist, dass die Dicke der Oberflächenschichten der einzelnen Phasen, die durch die Gleichung (3.1) definiert ist, ein Zustandsparameter ist und von den thermodynamischen Variablen des Systems (Temperatur, Druck, chemische Potenziale usw.) abhängt.

Wenn die Polymerisationsreaktion des Monomers in der Grenzschicht stattfindet, hängt die kinetische Wirkung des hochdispersen Monomer-Wasser-Systems auch von der Erneuerungsrate der Oberflächenschichten ab.

Fast alle Monomere, die in Emulsionen polymerisiert werden können, haben ein permanentes Dipolmoment, und im Kontakt mit Wasser führt die Dipol-Dipol-Wechselwirkung zwischen den Monomermolekülen und dem Wasser zur Bildung einer Anordnung der Moleküle, die ihrer maximalen Wechselwirkungsenergie entspricht. Solche Wechselwirkungen zwischen Monomer- und Wassermolekülen sind ein Grund für thermische Bewegung, obwohl die Tendenz der Flüssigkeitsmoleküle, sich an der Grenzfläche zu orientieren, einer der qualitativen Unterschiede zwischen ihrer Anordnung hier und in der Massephase ist.

Orientierungseffekte an der Flüssig-Flüssig-Grenzfläche nehmen in Gegenwart polarer Gruppen in den Monomermolekülen erheblich zu [68], was zu einer Abnahme der Oberflächenentropie führt [59].

Adamsons grundlegende Forschungen zu intermolekularen Wechselwirkungen an der Kohlenwasserstoff-Wasser-Grenzfläche zeigten, dass gezielte Dipol-Dipol- und Dipol-Polarisations-Wechselwirkungen einen entscheidenden Einfluss auf den Energiezustand von Molekülen in der Nähe der Grenzfläche haben. Aufgrund dieser Wechselwirkungen unterliegt die aromatische Kohlenwasserstoff-Wasser-Grenzfläche in hohem Maße strukturellen Veränderungen, in deren Folge Clathratverbindungen gebildet werden [60].

Aus dem vorangegangenen Material konnte gefolgert werden, dass heterogene Monomer-Wasser-Systeme mindestens drei qualitativ unterschiedliche Polymerisationszonen aufweisen:

- im Volumen der Monomerphase (α - Zone)
- in der Grenzschicht der Monomerphase (σ - Zone)
- in der wässrigen Lösung des Monomers (β - Zone)

Abhängig von der Art des Monomers und des Initiators ist die Wahrscheinlichkeit einzelner elementarer Polymerisationsvorgänge in den oben genannten Bereichen unterschiedlich. Für die experimentelle Untersuchung der in jedem dieser Bereiche ablaufenden Prozesse ist es notwendig, solche Komponenten und Bedingungen auszuwählen, unter denen die größte Wahrscheinlichkeit des Ablaufs bestimmter Polymerisationsakte in dem ausgewählten Bereich gegeben ist.

Es liegt auf der Hand, dass es für den Nachweis von kinetischen Effekten, die mit dem Ablauf bestimmter Polymerisationsreaktionen in der σ-Zone verbunden sind, notwendig ist, den Prozess in Systemen mit einer hoch entwickelten Grenzfläche durchzuführen. Leider kann man solche Systeme nicht ohne den Einsatz von Emulgatoren erhalten. Aus diesem Grund muss ein inerter Emulgator gewählt werden, um chemische Reaktionen zwischen dem Emulgator und den Komponenten des Systems zu vermeiden. Außerdem müssen die Komponenten des Systems einer speziellen Reinigungsbehandlung unterzogen werden, und es muss experimentell nachgewiesen werden, dass kein Einfluss unkontrollierter Verunreinigungen auf die Kinetik des Prozesses besteht.

3.2. Die Polymerisation in der Grenzmonomerschicht.

Da sich die freie Oberflächenenergie der Moleküle additiv aus den lokalen freien Energien ihrer Bestandteile zusammensetzt [60], werden die Monomermoleküle an der Grenzfläche so angeordnet, dass ihre freie Energie minimal ist. Es ist auch bekannt, dass beim Lösen von Kohlenwasserstoffen mit ungesättigten Bindungen und aromatischen Ringen in Wasser die Enthalpie der Moleküle leicht ansteigt. Dieser Aspekt hängt mit der Wechselwirkung der Wassermoleküle mit den π-Elektronen der organischen Moleküle zusammen [69,70]. Infolgedessen "liegen" die Dienmonomermoleküle auf der Wasseroberfläche, so dass die Doppelbindungen eine bessere Gelegenheit haben, mit den Wassermolekülen in Kontakt zu treten (Abbildung 3.1).

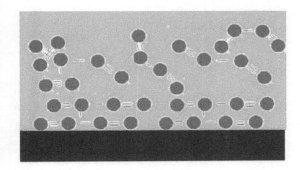

Abbildung 3.1 Schematische Darstellung der Ausrichtung der Chloroprenmoleküle auf der Wasseroberfläche

Es muss berücksichtigt werden, dass die Wasserphasenenergie der intermolekularen Wechselwirkungen hauptsächlich durch Wasserstoffbrückenbindungen bestimmt wird, die keinen Einfluss auf die Wasser-Kohlenwasserstoff-Wechselwirkung haben. Diese Wechselwirkung ist nur auf Dispersionskräfte zurückzuführen [71, 72].

Daraus folgt, dass zur Ermittlung der Orientierungseffekte auf die EP-Kinetik die Polymerisation von Dienen unter Verwendung solcher Tenside als Emulgatoren untersucht wird, deren Wechselwirkung mit Wasser nur auf Wasserstoffbrückenbindungen beruht. Polyoxyethylierte langkettige Alkohole können hier als Tenside dieser Klasse dienen [66, 73].

Um die Auswirkungen der Orientierung zu erkennen, wurde die thermische Polymerisation von Chloropren in Gegenwart von Emulgatoren unterschiedlicher Art untersucht [51].

Abbildung 3.2 zeigt die Ergebnisse der dilatometrischen Messungen des Chloropren

EP-Rate bei thermischer und chemischer Auslösung des Prozesses. Die Ergebnisse dieser Messungen zeigen, dass der Fluss der thermischen Polymerisation von Chloropren in der Emulsion sowohl in Gegenwart von ionischen als auch nichtionischen Emulgatoren stattfindet.

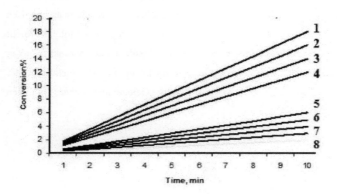

Abbildung 3.2. Die Abhängigkeit der Umsetzung von Chloropren von der Zeit in verschiedenen EP-Rezepturen: Das Verhältnis Monomer:Wasserphase beträgt 1:3, die Polymerisationstemperatur 50°C.

Initiator: 1 - Kaliumpersulfat (0,5 Gew.-% der wässrigen Phase); 2,3,4 - AIBN (1 Gew.-% des Monomers); 5,6,7,8 - thermische Initiierung.

Emulgator: 1,3,7 - ethoxylierter Octadecylalkohol; 2,6- Mischung aus ethoxyliertem Octadecylalkohol und Natriumalkylsulfonat; 4,5 - ethoxylierter Cetylalkohol mit einem Ethoxylierungsgrad von 35; 8 - eine Mischung aus ethoxyliertem Cetylalkohol mit einem Ethoxylierungsgrad von 35 und Natriumalkylsulfonat

Die Reinheit der Produkte ist für die experimentelle Untersuchung der thermischen Polymerisation von wesentlicher Bedeutung. Deshalb werden sowohl Chloropren als auch Emulgatoren einer speziellen Reinigung unterzogen.

Chloropren - doppelt rektifiziert, die zweite Rektifikation erfolgt in einer Laborkolonne mit 12 Platten, dann wird die Masse in Stickstoffatmosphäre bis zu einer Umwandlung von 20-25% polymerisiert, danach wird sie in Stickstoffatmosphäre destilliert. Im Chromatogramm von gereinigtem Chloropren und Emulgatoren wurden keine Verunreinigungen festgestellt. Die thermische Initiierung von gereinigtem Chloropren in der Masse wurde 1 Stunde lang nicht beobachtet.

In Anbetracht der Tatsache, dass Sauerstoff zu den unkontrollierbaren Verunreinigungen gehört, die eine Polymerisation auslösen können, wurden Versuche sowohl unter atmosphärischen Bedingungen als auch nach wiederholtem Vakuumieren des Systems durchgeführt. In allen Fällen wurde keine thermische Polymerisation von Chloropren beobachtet.

Es ist bekannt, dass nichtionische Tenside, wie ethoxylierter Cetylalkohol, in organischen Lösungsmitteln echte Lösungen und in Wasser kolloidale Lösungen bilden [73]. Diese Tatsache sollte bei der Wahl der Methode zur Reinigung des Emulgators berücksichtigt werden. Eine 10%ige Lösung des Emulgators in *n-Butanol* wurde zweimal mit bidestilliertem Wasser gewaschen und nach dem Stehenlassen wurde die Kohlenwasserstoffschicht destilliert. Die zweite Destillation wird in einer alkalischen Lösung von Kaliumpermanganat durchgeführt. Die Leitfähigkeit doppelt destillierten Wassers bei 25 °C war gleich $3,4 \cdot 10^{-6}$ (ohm·cm)$.^{-1}$

Einer der Faktoren, die die thermische Polymerisation einschränken, ist die bi-radikale Natur der wachsenden Ketten, die zu einem schnellen intermolekularen Abbruch führt [74, 75]. Wenn die Polymerisation an der Monomer-Wasser-Grenzfläche stattfindet, haben die Radikale die Tendenz, entlang dieser Grenzfläche zu wachsen, und dieser Aspekt kann die Möglichkeit der Abbruchreaktion erheblich verringern. Darüber hinaus können Orientierungseffekte sterische Beschränkungen verringern und die gleichzeitige Beteiligung von mehr als zwei Monomermolekülen an der Initiierung ermöglichen (was wiederum die Wahrscheinlichkeit einer intermolekularen quadratischen Terminierung in den frühen Stadien der Bildung von Bi-Radikalen verringert). Das hohe Molekulargewicht von Polychloropren, das durch thermische Polymerisation synthetisiert wird und bei einem Monomerumsatz von 10-15% $\sim 10^6$ erreichen kann, kann als Bestätigung dieser Annahmen angesehen werden [51, 76].

Der Verlauf der thermischen Polymerisation hängt stark von der Molekularstruktur des Monomers und seiner Polymerisationsaktivität ab [75]. Diese Faktoren bestimmen auch die Orientierung des Monomers in der Grenzschicht des Monomer-Wasser-Systems, was die effektive thermische Initiierung in der Grenzschicht sowohl fördern als auch negieren kann. Es ist auch möglich, dass die intermolekulare Wechselwirkung von Monomer- und Emulgatormolekülen bei diesem Prozess nicht eliminiert werden kann. Aus diesen Gründen wäre es im Falle der EP von Vinylmonomeren mit ihren funktionellen oder aromatischen Gruppen schwierig, den Beitrag der Orientierungseffekte zur thermischen Initiierung der Polymerisation abzuschätzen. Die thermische Polymerisation von Styrol in einer Emulsion, die durch eine 10%ige Lösung von ethoxyliertem Cetylalkohol stabilisiert ist, bei einem Verhältnis von Monomer:Wasser von 1:3 bei 60°C wird jedoch mit einer Geschwindigkeit von 4,2%/Stunde durchgeführt [13, 29] (bei der thermischen Polymerisation von Styrol in Masse beträgt die Geschwindigkeit des Prozesses bei derselben Temperatur nur 0,1%/Stunde) [74]).

Die Ergebnisse der thermischen Polymerisation von Chloropren werden vollständig reproduziert, was bei den Versuchen mit Styrol nicht der Fall ist. Dies könnte daran liegen, dass für eine effiziente thermische Initiierung der Styrolpolymerisation strengere Bedingungen als die oben genannten Faktoren erforderlich sind [74].

Die hohe Monomerpolymerisationsrate in der Grenzschicht des PMP im Vergleich zur Polymerisationsrate im Volumen des PMP wird auch durch seine umgekehrte Proportionalität zum Partikelradius bestätigt. Mit abnehmender Größe des Partikels nimmt das Verhältnis der Anzahl der Monomermoleküle an der Oberfläche des Moleküls (d.h. in der Grenzschicht) zu denen im inneren Volumen des PMP zu. Der Beitrag der ersten zur Bestimmung der Gesamtrate des Prozesses nimmt zu, und das sagt das Wachstum der Polymerisationsrate voraus, was in den erhaltenen Ergebnissen zu beobachten ist. Die Daten für die Größe der Partikel, ihre Anzahl und die Polymerisationsgeschwindigkeit bei verschiedenen Wasser:Monomerphasen-Verhältnissen sind in Tabelle 3.1 dargestellt. Aus diesen Ergebnissen geht hervor, dass ein Anstieg der Polymerisationsgeschwindigkeit mit zunehmendem Volumen der wässrigen Phase mit einer Abnahme des Partikeldurchmessers einhergeht, da die Anzahl der Partikel ungefähr gleich bleibt.

Tabelle 3.1. Abhängigkeit des Latexpartikeldurchmessers d (nm), ihrer Anzahl /100 ml Wasserphase und der Polymerisationsrate W (% Monomerumsatz / Minute) vom Phasenverhältnis Wasser:Monomer (φ).

φ	2 : 1	6:1	12 : 1	20 : 1	24 : 1
d	120	80	60	0.55	0.54
$N \cdot 10^{-16}$	6	6.4	7.7	6	5
W	0.4	1.17	2.4	4	4

Aus den in diesem Abschnitt dargestellten experimentellen Ergebnissen lassen sich die folgenden Schlussfolgerungen ziehen: Das hochdisperse Wasser-Monomer-System, die Grenzschicht der Monomerphase, ist eine qualitativ andere Polymerisationszone, als die in seinem Hauptteil. Je nach Art des Monomers kann die Polymerisation in dieser Zone mit relativ hohen Raten ablaufen.

3.3. Möglichkeit von elementaren Polymerisationsvorgängen in der wässrigen Phase.

Bei der Initiierung von EP durch Kaliumpersulfat ist die Wahrscheinlichkeit der Bildung von Primärradikalen in der Wasserphase unvergleichlich größer als in den Monomertröpfchen oder an der Grenzfläche (Elektrolyte sind oberflächeninaktiv und ihre Anwesenheit im Wasser erhöht in der Regel die Grenzflächenspannung des Systems).

Das weitere Schicksal der Primärradikale wird durch die Eigenschaften des Monomers und seine Wasserlöslichkeit sowie durch den physikalisch-chemischen Zustand des Systems bestimmt.

Die thermische Zersetzung von Kaliumpersulfat in Wasser führt zur Bildung von Ionenradikalen, die im stationären Zustand von EP mindestens drei konkurrierende Reaktionen auslösen können:

1. $S_2O_8^{2-} \xrightarrow{K_1} 2SO_4^{-\bullet}$ (decay of persulfate)
2. $SO_4^{-\bullet} + M \xrightarrow{K_2} SO_4^{-}M^{\bullet}$ (initiation of monomer radicals)
3. $SO_4^{-\bullet} + HOH \xrightarrow{K_3} HSO_4^{-} + HO^{\bullet}$ (reaction with molecules of water)

wobei M - Monomermolekül in Wasser. Es gibt auch eine vierte Möglichkeit:

1. Adsorption an der Oberfläche von dispergierten Partikeln

Die Reaktionen 1 und 3 wurden in [57, 77] untersucht. Diesen Arbeiten zufolge reagieren die Ionenradikale in Wasser bei 50°C, $K1 = 10^{-6}$ s^{-1} und in Abwesenheit anderer Substrate mit Wasser gemäß der Reaktion 3.

Weitere Rekombination von OH-Radikalen setzt Sauerstoff frei

5. $2HO^{\bullet} \xrightarrow{K_3} H_2O + 0.5O_2$

Es wurde auch festgestellt, dass der Mechanismus von Reaktion 3 je nach pH-Wert der Wasserphase variieren kann [57, 77].

Der Verlauf der Reaktion 3 in der Monomer-Wasser-Emulsion wurde in [78, 79] experimentell bestätigt, demnach wurden in Polymermolekülen neben SO4-Gruppen auch Hydroxylgruppen als Endgruppen nachgewiesen. Wie zu erwarten war, deuten diese Ergebnisse darauf hin, dass Reaktion 4 gegenüber den Reaktionen 2 und 3 konkurrierend verliert, da sich die Adsorptionskapazität des Sulfat-Ionen-Radikals nicht von der des SO_{28}^{2-} unterscheiden sollte. Nach dem ersten Akt der Anlagerung von Ionenradikalen an das Monomermolekül ändert sich die Situation jedoch dramatisch: Radikale vom Typ -M und HO-M sind tatsächlich Tenside, und die Adsorptionsgeschwindigkeit kann mit der Häufigkeit der Kollision dieser Radikale mit Monomertröpfchen gleichgesetzt werden. Die Adsorptionsgeschwindigkeitskonstanten dieser Radikale auf der Oberfläche der dispergierten Teilchen sind kleiner als die Konstante ihrer Diffusionskollision, wenn die Ladung auf der Tröpfchenoberfläche eine elektrostatische Potenzialbarriere für die Adsorption bildet. Wie jedoch in [37] gezeigt wurde, werden sowohl in emulgatorfreien Systemen als auch in Systemen mit geringen Konzentrationen ionischer Emulgatoren oligomere Radikale an den Monomertröpfchen und PMP mit der Rate ihrer Diffusionskollision adsorbiert.

So ist in Wasser nach der Verbindung des ersten Monomermoleküls mit dem Primärradikal die Adsorptionskonstante der polymerisationsaktiven Zentren an der Grenzfläche erhöht, und Reaktion

4 kann mit der Kettenwachstumsreaktion in Wasser konkurrieren. Um diese Konkurrenz zu etablieren, betrachten wir ein System, das aus den Monomertröpfchen (α-Zone) besteht, die gleichmäßig in der monomergesättigten wässrigen Initiatorlösung (β-Zone) verteilt sind. V und v_β seien das Monomer- bzw. Wasservolumen, r - der Radius des Tröpfchens, φ - das Verhältnis von Wasserphase zu Monomervolumen, dann:

$$\varphi = V_\beta / V_\alpha \qquad (3.2)$$

Das Volumen jedes Tröpfchens beträgt $4\pi r^3/3$ und ihre Anzahl N pro Volumeneinheit des Systems ist gleich:

$$N = \frac{3V_\alpha}{(V_\alpha + V_\beta)4\pi r^3} = \frac{3}{4\pi r^3(1+\varphi)} \qquad (3.3)$$

Die Absorptionsrate des Radikals an der Oberfläche der Tröpfchen beträgt

$$Z = 4\pi r^* DN \qquad (3.4)$$

wobei r^* - resultierender Radius der Monomertröpfchen und des wachsenden Radikals, ($r^* \sim r$), und D - die Summe der Diffusionskoeffizienten. Die Wachstumsrate, W, ist gleich dem Radikal

$$W = K_p C_r \qquad (3.5)$$

wobei: C_r - Löslichkeit des Monomers in Wasser bei einem bestimmten r, K_p - Konstante der Kettenausbreitung.

Es ist notwendig, die Bedingungen zu bestimmen, unter denen die monomeren Radikale an der Oberfläche der dispergierten Partikel adsorbiert werden, bevor sie in der wässrigen Phase wachsen können.

Setzt man den Wert von N aus (3.3) in (3.4) ein und dividiert (3.4) durch (3.5), ergibt sich folgende Gleichung:

$$\theta = \frac{Z}{W_p} = \frac{3D}{K_r C_r r^2 (1+\varphi)} \qquad (3.6)$$

Wobei: θ - quantitativ bindet Parameter, die den Zustand eines kolloidalen Systems (φ, r) und die Möglichkeit der kinetischen Kettenausbreitung in der wässrigen Phase (K_p, C_r) definieren

Bevor wir zur Analyse der Gleichung (3.6) übergehen, stellen wir fest, dass die Löslichkeit des Monomers in Wasser von r abhängt. Diese Abhängigkeit wird durch die Kelvin-Gleichung [80] ausgedrückt.

$$\ln\left(C_r/C_0\right) = 2V_m \gamma_r / RTr \tag{3.7}$$

wobei C_0 - Löslichkeit des Monomers in Wasser in Abwesenheit der Monomerphase, γ_r - Grenzflächenspannung eines bestimmten r; das Volumen V_m - molares Monomervolumen; T - absolute Temperatur; R - Gaskonstante. Die Abhängigkeit von γ_r von r ist nach [60] wie folgt:

$$\gamma_r/\gamma_0 = \frac{1}{1 + 2\sigma/r} \tag{3.8}$$

Dabei gilt: σ - Konstante in der Größenordnung von 10^{-8} cm, und γ_0 - Grenzflächenspannung bei $r = \infty$. Aus (3.7) und (3.8) lässt sich (3.9) ableiten:

$$C_r / C_0 = \exp\left(\frac{2\gamma V_m}{RT(r + 2\sigma)}\right) \tag{3.9}$$

Die Grafik für diese Abhängigkeit für Styrol ist in Abb. 3.3 dargestellt. Es ist zu erkennen, dass $c_r = c_0$ gilt, solange Styroltröpfchen mit einem Radius von deutlich mehr als 10 nm vorhanden sind. Bei Vinylacetat und Chloropren ist die Abhängigkeit von c_r/c_0 von r bei niedrigeren Werten des Tröpfchenradius betroffen.

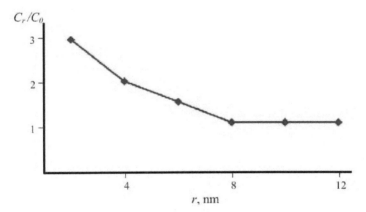

Abbildung 3.3 Die Abhängigkeit der Löslichkeit in Wasser vom Radius der Styroltröpfchen.

Verwendung von θ für jedes Monomer (K_p und C_r) Bedingungen (r und φ), bei denen die Polymerisation gemäß einem bestimmten topologischen Mechanismus ablaufen würde.

Die Analyse dieses Aspekts anhand von drei verschiedenen Monomeren - Styrol, Chloropren und Vinylacetat (VA) - ergibt die folgenden Daten:

Styrol: Die Ausbreitungskonstante des Styrolradikals wurde von vielen Autoren bestimmt. In [75,81,82] bei 50°C K_p = 125-176 dm³ ·(mol·s)⁻¹ . In der Theorie der homogenen Teilchenbildung [37] hat der Wert von K_p für oligomere Radikale den Wert 380 dm³ ·(mol·s)⁻¹ , C_0 = 4·10⁻³ mol·dm⁻³ und $K\,C_{p0}$ = 1,5 s .⁻¹

Chloropren: Für Chloropren gilt bei 35°C: K_p = 423 dm³ ·(mol·s)⁻¹ [83], C_0 = 10⁻² mol·dm⁻³ [84] und $K\,C_{p0}$ = 4.23 s .⁻¹

Vinylacetat: K_p = 1860 dm³ ·(mol·s)⁻¹ , C_0 = 0,3 mol·dm⁻³ [49], $K\,C_{p0}$ = 560 s .⁻¹

Bei der Wahl von φ und r können Sie sicherstellen, dass θ für jedes dieser Monomere einen Wert größer oder kleiner als 1 annimmt. Wenn θ >> 1 ist, werden wachsende Radikale in einem frühen Wachstumsstadium vom Wasser auf die dispergierten Teilchen übertragen. Wenn θ << 1 ist, erfolgt die Polymerisation in einer wässrigen Lösung des Monomers.

In Tabelle 3.2 sind die nach Gleichung (3.6) berechneten Werte von θ für Styrol, Chloropren und Vinylacetat für verschiedene Werte von φ und r angegeben.

Tabelle 3.2 Abhängigkeit von θ vom Partikelradius (r) für verschiedene Werte des Verhältnisses Wasserphase:Monomer (φ) für Styrol (I), Chloropren (II) und Vinylacetat (III).

I. Styrene			II. Chloroprene			III. Vinyl acetate		
φ	r, nm	θ	φ	r, nm	θ	φ	r, nm	θ
100	10	2·10⁴	100	10	7·10³	30	10	1.7·10²
	100	2·10²		100	70		100	1.7
	1000	2		1000	0.7		1000	1.7·10⁻²
	10000	2·10⁻²		10000	7·10⁻³	2	10	1.75·10³
50	10	4·10⁴	50	10	1.4·10⁴		100	1.75
	100	4·10²		100	140		1000	1.75·10⁻¹
	1000	4		1000	1.4			
	10000	4·10⁻²		10000	1.4·10⁻²			
2	10	6.6·10⁵	2	10	2.3·10⁵			
	100	6.6·10³		100	2.3·10³			
	1000	66		1000	23			
	10000	6.6·10⁻¹		10000	2.3·10⁻¹			

Bei diesen Berechnungen wurde angenommen, dass D gleich 10⁻⁸ dm s²⁻¹ ist, was dem Diffusionskoeffizienten oligomerer Radikale entspricht [37, 75].

Offensichtlich können φ und r nicht willkürlich verändert werden. Die untere Grenze von φ kann mit $1/φ$ = 0,74 angesetzt werden, was der dichten Packung von Monomertröpfchen gleicher Größe in

Wasser entspricht [60]. Der Maximalwert φ muss mit der Löslichkeit des Monomers in Wasser übereinstimmen.

Der Radius der Tröpfchen kann durch mechanisches Rühren 1000 nm erreichen [2, 3]. Der Radius der gequollenen Monomermizellen ($r = 10$ nm) wird bei der Berechnung als untere Grenze von r betrachtet [3].

Wie in Tabelle 3.2 (I) bei der Polymerisation von Styrol in Monomer-Wasser-Dispersion gezeigt, tritt die Wahrscheinlichkeit von Kettenreaktionen in der wässrigen Phase (β-Zone) auf, wenn $r \gg 1000$ nm ist, in anderen Fällen haben die Radikale unabhängig von φ keine Zeit zu wachsen und enden bei der Adsorption an der Oberfläche der Monomertröpfchen.

Bei der Polymerisation von VA ist die Reaktionswahrscheinlichkeit der Kettenausbreitung im β-Bereich deutlich erhöht, wenn der Radius der Partikel größer als 100 nm ist (Tab. 3.2 (III)).

Diese Ergebnisse zeigen, dass bei einem Partikelradius von weniger als 100 nm und beliebigem φ alle drei Monomere durch denselben topologischen chemischen Mechanismus polymerisiert werden, d. h. in der dispergierten Monomerphase.

Bekanntlich sind die Emulgatormoleküle in den Mizellen sehr beweglich [66], und für oberflächenaktive oligomere Radikale gibt es keine Hindernisse, in die mizellaren ionischen Emulgatoren einzudringen. Für Mizellen, die aus kationischen oder nichtionischen Emulgatoren bestehen, stellt sich ein solches Problem überhaupt nicht. Im Falle von EP aus leicht polaren Monomeren (wie Vinylacetat) in Gegenwart eines nichtionischen Tensids wird das Wachstum oligomerer Kettenradikale in fein dispergierten Partikeln durch die Tatsache begünstigt, dass der hydrophile Teil des nichtionischen Tensids auch das Monomermolekül solubilisieren kann [66,73,85]. Diese Umstände bieten die Möglichkeit, dass bei der VA-Emulsionspolymerisation die Reaktion der Kettenausbreitung von Beginn des Prozesses an in den fein dispergierten, durch Tenside stabilisierten Monomerpartikeln stattfindet. Diese Annahme steht im Einklang mit den Ergebnissen einer Reihe von Autoren [85-87], wonach die PMP-Bildung bei der EP von VA nicht mit Reaktionen in der wässrigen Phase verbunden ist. Sie stimmt auch mit den Ergebnissen der visuellen Beobachtungen der Trübung der wässrigen Phase im statischen System überein (siehe Abb. 2.6 und 2.9 in Kapitel 2).

Kapitel 4

Phasenbildung in der wässrigen Phase eines Monomer-Wasser-Systems

4.1. Die Kinetik der Phasenbildung

Die Bildung von Keimen in flüssigen Lösungen unterliegt, unabhängig von ihrer Beschaffenheit (amorph oder kristallin), einer Reihe von gemeinsamen Gesetzmäßigkeiten. Dazu gehört die Beziehung zwischen der treibenden Kraft der Phasenbildung (Grad der Übersättigung) und der Anzahl der gebildeten Keimzentren pro Volumeneinheit und Zeiteinheit [38]. Unter diesem Gesichtspunkt unterscheiden sich die Kristallisation von Salzen aus wässrigen Lösungen und die Bildung einer neuen Phase unter dem Einfluss radikalischer Reaktionen in wässrigen Lösungen von Monomeren nur in der Art der Übersättigung des Systems.

In einer gesättigten wässrigen Styrol-Lösung von Kaliumpersulfat sind die Produkte der radikalischen Reaktion Oligomere, die aus wenigen monomeren Einheiten und einer oder zwei ionischen Endgruppen bestehen. Daher kann die Phasenbildung in diesem System dem Mechanismus der Mizellenbildung ähnlich sein. Es liegt auf der Hand, dass ein solcher Mechanismus die Aggregation längerer Polymermoleküle vorantreiben kann, wenn dieser Aggregationsprozess durch die Dichte der Oberflächenladung begrenzt wird, die nur durch die Sulfatendgruppen der Moleküle induziert wird. Bei großen Makromolekülen in Form von Spulen in Wasser kann der Phasenübergang mit Potentialbarriere auch durch eine Abnahme der Entropie des Systems aufgrund der Verformung der Spulen beim Zusammenstoß verursacht werden [61,88]. Diese additive Komponente der potenziellen Barriere ändert jedoch nur den Wert der maximalen Übersättigung in Wasser. Die Kinetik der Aggregation und die endgültige Größe der dispergierten Teilchen werden weiterhin durch die Ladungsdichte auf der Oberfläche der Teilchen bestimmt.

Die Übersättigungskonzentration in den untersuchten Systemen, bei der die Potentialbarriere überwunden werden kann und die Aggregation der Oligomere einsetzt, wird also durch die Anzahl und die Art der Monomereinheiten in ihrem Molekül bestimmt. In der Tat ist die Geschwindigkeit, mit der die Übersättigung erreicht wird, in diesen Fällen gleich der Geschwindigkeit der Bildung von Oligomeren im Wasser, d. h. der Initiierungsgeschwindigkeit (quadratische Terminierung) der Radikale.

Um die Kinetik der Ausbreitung von Keimen der Polymerphase vor der möglichen Ausflockung von Polymerspulen zu beschreiben, muss berücksichtigt werden, dass das Wachstum eines kugelförmigen Keims ebenso wie das Wachstum von Kristallen in Lösungen ein sequentieller physikalisch-chemischer Prozess ist. Unter der Annahme, dass die dispergierten Teilchen (sowohl Polymer als auch PMP) eine kugelförmige Form und eine amorphe Struktur haben, kann die Anzahl der

Elementarakte, die für die Beschreibung der Wachstumskinetik erforderlich sind, ausreichend eingeschränkt werden.

Nach [89] kann die minimale Anzahl der elementaren Keimbildungsvorgänge für das Wachstum einer neuen Phase aus einer übersättigten Lösung wie folgt dargestellt werden:

1. Einstellung der Übersättigung;
2. Der Transfer von Substanzen zu den wachsenden Keimzentren;
3. Diffusion durch die Zone an der Schnittstelle Keimbildungszentrum - Lösung.
4. Teilweise oder vollständige Desolvatation.
5. Die Diffusion von Lösungsmitteln und Verunreinigungen von der wachsenden Oberfläche,
6. Die Adsorption oder chemische Adsorption an der Partikeloberfläche.
7. Die portionierte Streuung sowohl der Phasenbildungs- als auch der Wachstumswärme, die nach jeder elementaren Stufe der Additionsreaktion auftreten kann.

Wenn die Übersättigung durch die chemischen Reaktionen und die Auflösung beschrieben wird, kann sie auch aus einer Vielzahl von Elementarereignissen bestehen [89]. In der wässrigen Lösung des Monomers besteht diese Phase tatsächlich aus Elementarereignissen der radikalischen Polymerisation. Die zweite Stufe des Wachstums der Keimbildung erfolgt durch Diffusion, Konvektion oder mechanische Streifung der Lösung. Die Geschwindigkeiten der Stufen 3 und 5 werden durch die Fick'schen Gesetze bestimmt, die der Stufen 4 und 6 durch die Art der Moleküle, die an der Phasenbildung beteiligt sind, sowie durch die Kräfte der intermolekularen Wechselwirkungen zwischen ihnen, den Lösungsmittelmolekülen und Verunreinigungen.

Die Geschwindigkeit der Stufe 6 beim Wachstum von Einkristallen hängt wesentlich von der kristallographischen Ausrichtung des Wachstums ab, bei Polymerpartikeln kann sie jedoch nur von der Art der Moleküle abhängen. Zur Beschreibung der Kinetik des Kristallwachstums aus der Lodiz-Lösung dient die Gleichung für die Geschwindigkeit der aufeinanderfolgenden physikalisch-chemischen Reaktionen, die aus Diffusions- und Oberflächenprozessen bestehen [89]. Für den Fall, dass sich das Gleichgewicht schnell einstellt und die Oberflächenprozesse an der Grenzfläche die Wachstumsrate des Einkristalls nicht begrenzen, wird diese Rate durch das erste Ficksche Gesetz definiert [89]:

$$dm/dt = D \cdot A \cdot dc/dx \qquad (4.1)$$

wobei dm/dt - Gewichtszunahme durch Diffusion an der zunehmenden Oberfläche pro Zeiteinheit, A - Fläche der zunehmenden Oberfläche, D - Diffusionskoeffizient, dc/dx - Gradient der Konzentration in senkrechter Richtung zur Oberfläche:

$$dc/dx = \frac{C_v - C_s}{S} \qquad (4.2)$$

wobei C_v - Konzentration des wachsenden Materials in der Hauptlösung, C_s - seine Konzentration direkt an der zunehmenden Oberfläche, S - Dicke der Diffusionsschicht.

Unter Berücksichtigung der Tatsache, dass die Diffusionsgewichtszunahme der wachsenden Oberfläche pro Zeiteinheit direkt proportional zur linearen Kristallisationsrate (W_c) auf der Oberfläche ist, kann die folgende Gleichung eingeführt werden:

$$dm/dt = W_c \cdot A \cdot \rho \qquad (4.3)$$

wobei ρ die Dichte des Kristalls ist.

Aus Gl. 4.1-4.3 wird der Wert von W_c bestimmt:

$$W_c = D(C_v - C_s)/\rho S \qquad (4.4)$$

Bei konstanter Dicke s kann das Verhältnis D/s durch eine konstante Diffusionsrate (K_d) ersetzt werden, und die Gleichung (4.4) erhält eine bequemere Form:

$$W_k = K_d (C_v - C_s)/\rho \qquad (4.5)$$

Wenn die Oberflächenprozesse schnell ablaufen, ist C_s natürlich gleich der Gleichgewichtskonzentration des wachsenden Materials (C_e).

Wenn die chemische Reaktion an der Grenzfläche begrenzt ist, wird die Geschwindigkeit des Prozesses durch eine heterogene chemische Reaktion erster Ordnung beschrieben:

$$dm/dt = K' A (C_S - C_e) \qquad (4.6)$$

und die lineare Rate W_ρ ist:

$$W_\rho = \frac{K'}{\rho}(C_S - C_e) \qquad (4.7)$$

wobei K' die Geschwindigkeitskonstante der limitierenden chemischen Reaktion ist.

Wenn Diffusions- und Oberflächenprozesse als zwei aufeinander folgende Stufen mit vergleichbarer Geschwindigkeit ablaufen, wird die Geschwindigkeit des allgemeinen Prozesses durch die folgende Gleichung beschrieben:

$$W_\rho = \frac{C_v - C_e}{\rho\left(\frac{1}{K_d} + \frac{1}{K'}\right)} \qquad (4.8)$$

Wenn man $(1/K_d + 1/K') = 1/K$ einsetzt, kann Gleichung (4.8) in einer bequemeren Form geschrieben werden:

$$W_\rho = \frac{K(C_v - C_e)}{\rho} \qquad (4.9)$$

In einem weiten Bereich von Versuchsbedingungen wird die Temperaturabhängigkeit von K' durch die Arrhenius-Gleichung beschrieben und ist nicht von der Konzentration abhängig [90]. Gleichung (4.7) zeigt eine lineare Abhängigkeit der Wachstumsrate von ($C_v - C_e$), d. h. von der Größe der absoluten Übersättigung der Lösung. Somit führt die Aufrechterhaltung einer konstanten Rate tatsächlich zur Aufrechterhaltung einer konstanten Übersättigung im System.

Wenn die Ausbreitung der Polymerkette in Wasser bis zu dem Punkt andauern kann, an dem das sich ausbreitende Radikal Bulk-Eigenschaften erhält, dann sollte das Auflösen von Wasser und anderen Komponenten im Polymer zur Liste der elementaren Schritte des Prozesses hinzugefügt werden. In solchen Fällen kann die erste Phase der Phasenbildung entweder durch kinetische Gleichungen beschrieben werden, die von der Ugelstad-Hansen-Theorie [37] abgeleitet sind, oder durch die Theorie der homogenen Keimbildung [39]. Die oben beschriebenen Stufen 1-7 des Wachstums von Keimbildungsstellen bleiben in beiden Fällen in Kraft und werden durch die Gleichungen (4.1) - (4.9) unabhängig von der Größe der Moleküle in der sich bildenden Phase (oder von Teilchen beliebiger Größe) beschrieben.

4.2. Der Kristallisationsprozess in einem wässrigen Phasensystem aus statischem Styrol und wässriger Kaliumpersulfatlösung.

Da der Prozess des Einkristallwachstums aus Lösungen und die Bildung dispergierter kugelförmiger Polymerpartikel in Wasser parallel zueinander verlaufen, wurden nur gemeinsame Aspekte der beiden Prozessstufen erwähnt. Das Hauptziel dieser Analyse bestand darin, die Kinetik der Partikelbildung bei der Polymerisation von Monomeren in wässrigen Medien quantitativ zu beschreiben. Zu diesem Zweck wurden keine Fragen im Zusammenhang mit dem Problem des Einkristallwachstums aus der Lösung erörtert, sondern es wurden nur die Phasen dieses Prozesses beschrieben, die die Bildung und das Wachstum von Latexpartikeln betreffen. Es besteht jedoch die Möglichkeit, dass die in der wässrigen Phase der statischen Styrol-Kaliumpersulfat-Lösung ablaufenden Radikalreaktionen zur Bildung von kristallisationsfähigen Verbindungen mit niedriger Molekülmasse führen können. Dem Beginn der Phasenbildung muss eine Induktionszeit (τ_1) vorausgehen, die erforderlich ist, um eine Übersättigung des Systems und die folgende Bedingung zu erreichen:

$$\Delta\mu \leq 0 \qquad (4.10)$$

wobei $\Delta\mu$ - Differenz der chemischen Potentiale des Moleküls eines bestimmten Bestandteils in seiner eigenen Phase und in wässriger Lösung.

Wie in Kapitel 1 in einem zweiphasigen System aus Styrol und wässriger K2S2O8-Lösung gezeigt, geht der Einführung von Polymer-Monomer-Teilchen, die an der Grenzfläche entstehen, in die wässrige Phase eine gewisse Induktionszeit ($\tau 2$) voraus, die auf das Erreichen der folgenden Bedingung im System zurückzuführen ist:

$$\rho_r > \rho_w \qquad (4.11)$$

wobei ρ_r und ρ_w die Dichte der dispergierten Teilchen bzw. der wässrigen Phase sind. Wenn $\tau 1 > \tau 2$ ist, hängt die Fähigkeit zur Bildung einer neuen Phase aus den Produkten der radikalischen Reaktionen in Wasser unter anderem auch von deren Menge sowie von der Oberflächenstruktur der PMP ab, die bereits in der wässrigen Phase vorhanden sind. Wenn innerhalb der Polymerisationszeit ($\tau 3$) die Bedingung (4.10) nicht erreicht wird, findet die Phasenbildung von niedermolekularen Substanzen nicht statt.

Um ein vollständiges Bild der chemischen und physikalisch-chemischen Prozesse zu erhalten, die in der wässrigen Phase des Systems ablaufen, ist es notwendig, die Art der Produkte zu bestimmen, die bei der Initiierung der Polymerisation entweder durch Sulfat-Ionen-Radikale oder Hydroxyl-Radikale gebildet werden, entsprechend dem in Kapitel 2 dargestellten Reaktionsschema. Zu diesen Reaktionen müssen die kinetische Kettenabbruchreaktion und die Reaktion der Addition des Styrolradikals an Sauerstoff hinzugefügt werden:

$$RM^\bullet + O_2 \longrightarrow RMOO^\bullet \qquad 4.1$$

wobei R ein Sulfat-Ionen-Radikal oder eine Hydroxylgruppe ist,

Alle diese Reaktionen finden aufgrund der geringen Löslichkeit von Styrol in Wasser statt. Die Reaktion 4.1 wurde in [90, 91] untersucht, und es wurde festgestellt, dass die Konstante der Additionsreaktion von Styrolradikal zu Sauerstoff die Ausbreitungsgeschwindigkeitskonstante (K_p) übersteigt. Daraus folgt, dass aufgrund der Anwesenheit von Sauerstoff in der wässrigen Phase die Wahrscheinlichkeit der folgenden Kettenwachstumsfortpflanzungsreaktion (2):

$$RM^\bullet + M \xrightarrow{K_p} RMM^\bullet \qquad 4.2$$

kann geringer sein als die der Reaktion 4.1.

Bei 50°C ist die Löslichkeit von Sauerstoff in Wasser ungefähr gleich der Löslichkeit von Styrol [92] und die Wahrscheinlichkeit der Reaktion 4.2 unter atmosphärischen Bedingungen wird vernachlässigbar.

Wenn also die Reaktion zwischen Sulfatradikal-Ionen und Wassermolekülen im System stattfindet, können die radikalischen Reaktionen im Wasser zu einer Anhäufung der Oxidationsprodukte von Styrolradikalen führen.

Für den experimentellen Nachweis der Reaktion 4.1 kann die Tatsache genutzt werden, dass der pH-Wert des Systems fallen sollte, wenn diese Reaktion abläuft:

$$HSO_4^- \leftrightarrow H^+ + SO_4^{2-} \qquad 4.3$$

Ein Absinken des pH-Wertes der wässrigen Phase während der Polymerisation von Styrol in einem Zweiphasensystem wird bei der statischen Polymerisation von Styrol, Vinylacetat und Chloropren beobachtet [51, 93, 94]. In [51, 93] wurde eine pH-Absenkung sowohl in Gegenwart als auch in Abwesenheit von Sauerstoff im System beobachtet.

In den IR-Spektren [93] von Polystyrolmolekülen wurden charakteristische Absorptionspeaks für die Hydroxylgruppen und die aromatischen Kerne der konjugierten Carbonylgruppen nachgewiesen. Um den Mechanismus der Aldehydbildung zu bestimmen, muss unbedingt beachtet werden, dass eines der Produkte der Radikalreaktionen Phenylethylenglykol sein muss, das in saurem Medium leicht zu Benzaldehyd oxidiert werden kann [95].

Um diese Annahme zu überprüfen, wurde die wässrige Phase mit Ether extrahiert und der Extrakt anschließend einer chromatographischen Analyse unterzogen [93]. Die Identität der Chromatogramme des erhaltenen Extrakts und der Benzaldehyd-Ether-Lösung, die als Etalon-Referenz dient, wurde bestätigt.

Die Bildung von Benzaldehyd wird auch bei der Styrol-Blockcopolymerisation unter Sauerstoffdruck beobachtet [90, 91, 96]. Die Autoren vermuten, dass Benzaldehyd durch die Zersetzung des radikalischen Copolymers gebildet wird:

$$-CH_2-CH(Ph)-O-O-CH_2-C^\bullet H(Ph) \rightarrow -CH_2-C^\bullet H(Ph) + CH_2O + Ph-CHO \qquad 4.4$$

Vergleicht man die Bedingungen der in [90, 91, 96] beschriebenen Experimente mit statischen Polymerisationsexperimenten im Styrol-Wasser-System [51], so kann man zu dem Schluss kommen, dass die Bildung von Benzaldehyd bei radikalischen Reaktionen von Styrol in einer wässrigen Lösung von Kaliumpersulfat eine Folge der fehlenden Möglichkeit des kinetischen Wachstums und der hohen Wahrscheinlichkeit der Kettenabbruchreaktion zwischen dem Monomer und dem Hydroxylradikal ist.

Kapitel 5
Anhänge

5.1. Über die Möglichkeiten der Synthese von monodispersem Latex

Bei der Suche in Fachzeitschriften und im Internet findet man zahlreiche Veröffentlichungen, in denen Rezepte für die Synthese von monodispersem Latex angegeben sind. Nach der Lektüre dieser Rezepte kann man zu dem Schluss kommen, dass monodisperser Latex eher intuitiv als mit programmierten Rezepten hergestellt werden kann.

In [97] wird beispielsweise die Bildung von monodispersen Latexpartikeln in Vinylmonomeren EP als Folge der Anwesenheit von Polyamid- und Epoxidharzen sowie anorganischen Salzen und Oxiden in Rezepten genannt. Die Autoren wiesen darauf hin, dass der Partikelradius durch Variation der Rührintensität des Systems eingestellt werden kann.

Monodisperse Latices können durch Polymerisation von Dienmonomeren unter Mikrogravitation erhalten werden [98].

Latices mit einer engen Partikelgrößenverteilung werden durch Suspensionspolymerisation von Styrol in Gegenwart von ortho- und para-Divinylbenzol erhalten [99].

Die Liste der Rezepte für die Synthese von monodispersem Latex ließe sich immer weiter fortsetzen, aber aus den genannten Beispielen wird deutlich, dass die Bearbeitung der Rezepte eine empirische Frage ist. Dieser Ansatz ist gerechtfertigt, da monodisperse Gitter äußerst wertvoll sind und einzigartige Anwendungen in verschiedenen Bereichen von Wissenschaft und Technik haben.

Die statische Polymerisation in einem heterogenen Monomer-Wasser-System kann als eine der vielversprechendsten Methoden für die Synthese von monodispersen Latices angesehen werden, da jedes Mischsystem (mechanisch, Ultraschall, Erzeugung von Konvektionsströmen usw.) die Partikelgrößenverteilung unkontrollierbar ausdehnt.

Das wichtigste ungelöste Problem bei der Synthese von monodispersen Gittern unter statischen Bedingungen ist die Abhängigkeit der Partikelbildungsrate von einer Reihe von Systemparametern, die während der Polymerisation nicht konstant bleiben. In den vorherigen Kapiteln wurde gezeigt, dass einige dieser Parameter der pH-Wert der wässrigen Phase und die Monomerkonzentration (Dichtegradient in der wässrigen Phase) sind.

Es wurde festgestellt, dass es für die Synthese von monodispersen Latices mit einem bestimmten Durchmesser in statischen Systemen wesentlich ist, den genauen Zeitpunkt für die Aussetzung der Polymerisationsprozesse im System zu bestimmen [51, 100-105].

Um die Endzeit der statischen Polymerisation von Styrol zu bestimmen, müssen sowohl die

Viskosität der Monomerphase als auch der Trockenrückstand der wässrigen Phase während des Prozesses gemessen werden [51, 100]. Nach zwei Tagen Standzeit des zweiphasigen Systems Styrol-0,2 Gew.-% K2S208 wässrige Lösung änderte sich die Viskosität der monomeren Phase nicht, und der Trockenrückstand der wässrigen Phase blieb auch bei längerer Standzeit des Systems gleich 2%. Die Polymerisation wurde bei 50°C durchgeführt.

Aus diesen Ergebnissen folgt, dass sich die Bestimmung des Zeitpunkts des Abschlusses der Polymerisation in einem statischen Zweiphasensystem in Wirklichkeit darauf beschränkt, den Zeitpunkt des Abschlusses des Wachstums und die Größe der Latexteilchen in der wässrigen Phase zu ermitteln.

Die Abmessungen der Latexpartikel und ihre Veränderung in Abhängigkeit von den Polymerisationsbedingungen wurden mittels Elektronenmikroskopie untersucht [51,101,102].

In Abb. 5.1, 5.2 sind Latexpartikel dargestellt, die bei unterschiedlichen Verweilzeiten des Systems erhalten wurden. Die K2S208-Konzentration in Wasser betrug 0,2 Gew.-%. Während der ersten 6 Stunden der Polymerisation steigt die durchschnittliche Partikelgröße auf 300 nm und die Partikelgrößenverteilung ist eng (siehe Abb. 5.1).

Abbildung 5.1: Elektronenmikroskopische Aufnahme von Polystyrol-Latex nach 6-stündiger Belastung durch ein statisches System bei 50° C.

Abbildung 5.2: Elektronenmikroskopische Aufnahme von Polystyrol-Latex bei 50° C nach 150 Stunden statischer Belastung

Nach längerem Ausharren im System nimmt die Partikelgröße fast nicht zu, aber die Partikelgrößenverteilung ändert sich erheblich (Abb. 5.2). In Abbildung 5.2 sind feine dispergierte

Teilchen zu erkennen, deren Elektronendichte sich deutlich von der Elektronendichte der großen Teilchen unterscheidet. Das Auftreten solch kleiner Teilchen ist möglicherweise auf die Übersättigung der wässrigen Phase mit Styrololigomeren und deren Aggregation zurückzuführen.

Eine Vergrößerung der Verteilungsgrafik der Latexpartikel wird auch während der Polymerisation in Gegenwart von Ethylalkohol beobachtet (Abb. 5.3). Eine solche Vergrößerung war zu erwarten, da die Einführung von Alkohol in das System die Löslichkeit von Styrol in der wässrigen Phase und die Möglichkeit der Keimbildung der Partikel in dieser Phase deutlich erhöht.

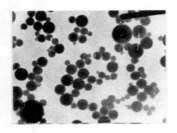

Abbildung 5.3: Elektronenmikroskopische Aufnahme des Polystyrol-Latex, der bei 50° C nach 20 Stunden Standzeit des statischen Systems (Styrol-Lösung in Ethanol) - (wässrige Lösung von Kaliumpersulfat) erhalten wurde.

Aus diesen Ergebnissen lässt sich schließen, dass es in einem statischen System sinnvoller ist, nicht von der Geschwindigkeit des Prozesses, sondern von der Dynamik der Größenänderung der Latexpartikel zu sprechen.

5.2. Die Synthese von monodispersem Polychloropren-Latex

Aus den oben genannten Ergebnissen folgt, dass, wenn die Bildung von Teilchen a in einem heterogenen Monomer-Wasser-System rechtzeitig gestoppt wird, die Hoffnung besteht, unimodale Latexteilchen zu erhalten. Es ist auch klar, dass in einem statischen heterogenen System monodisperse Latices am einfachsten durch die Polymerisation solcher Monomere erhalten werden können, in denen die Wasserlöslichkeit und die konstante Kettenausbreitung es ermöglichen, dass dispergierte Partikel nur in einer Zone des Systems nukleiert werden.

Die Werte der Ausbreitungskonstanten und die Löslichkeit von Chloropren in Wasser [83,84] lassen vermuten, dass die Polymerisation dieses Monomers in einem statischen System eine Methode für die Synthese von monodispersen Latices sein kann [104].

Die Polymerisation von Chloropren in einem statischen Monomer-Wasser-System wurde in [51, 103-105] untersucht, wo nach 6 Stunden Polymerisation ein Latex von 2 Gew.-% mit einem Partikeldurchmesser von 250 nm synthetisiert wurde. Die Stabilität des erhaltenen Latex wurde durch

Zentrifugation untersucht: Nach zwei Stunden Zentrifugation bei einer Rotationsgeschwindigkeit von 7500 min^{-1} betrug der Niederschlag 0,01 Gew.-%. Die Viskosität der Monomerphase stieg während der 6-stündigen Polymerisation deutlich an, und der Polymerisationsprozess wurde als abgeschlossen betrachtet.

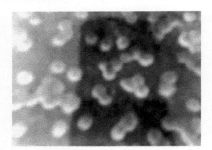

Abbildung 5.4 Elektronenaufnahmen von Polychloroprenlatex, die nach 6-stündiger Belastung durch das statische System aufgenommen wurden.

Elektronenmikroskopische Bilder von Polychloroprenlatex, die unter statischen Bedingungen aufgenommen wurden, sind in Abb. 5.4 dargestellt.

Die Besonderheit der mit freiem Emulgator hergestellten Polychloropren-Latices liegt darin, dass die Polymerstruktur Doppelbindungen enthält. Dies eröffnet die Möglichkeit, die chemische Struktur der Oberfläche der Latexpartikel zu verändern.

5.3. Wachstumsprofil von Einkristallen unter Verwendung von Polymermaterialien.

In verschiedenen Geräten und Instrumenten werden Einkristalle nach einer Vorbehandlung verwendet, um dem Kristall die gewünschte Form zu geben.

Um das gewünschte Produkt zu erhalten, muss der gewachsene Kristall gesägt, geschliffen, poliert, gebohrt usw. werden. Bei all diesen Verfahren besteht ein großes Problem darin, dass es nicht immer möglich ist, dem Kristall durch mechanische Bearbeitung das gewünschte Profil zu geben. Diese Umstände schränken die Verwendungsmöglichkeiten von gezüchteten Kristallen stark ein und behindern die Verbesserung einer Vielzahl von Geräten, die mit Halbleitern, piezoelektrischen und optisch aktiven Materialien arbeiten.

Ein weiterer wichtiger Faktor, der die Verwendung von Kristallen behindert, ist die Verschlechterung der physikalischen Eigenschaften von Einkristallen bei mechanischer Behandlung.

Einer der vielversprechenden Wege zur Lösung dieser Probleme ist sicherlich die Suche nach Möglichkeiten, Einkristalle mit dem gewünschten Profil zu züchten.

Die Züchtung von Profileinkristallen ist nach wie vor eines der am schlechtesten untersuchten

Gebiete in der Wissenschaft des Kristallwachstums. In der Praxis können Profileinkristalle nur mit Hilfe der Stepanov-Methode gezüchtet werden [106].

Die Lösung von Problemen im Zusammenhang mit dem Wachstum von röhrenförmigen Einkristallen aus anorganischen Salzlösungen ist von großer Aktualität, da diese Kristalle nicht gebohrt werden können.

Die Gewinnung von Röhren und Ringen aus diesen Kristallen als α-LiI03 würde zur Verbesserung von Lasern und anderen Geräten beitragen, die mit Salz-Einkristallen arbeiten.

Um dieses Problem zu lösen, haben die Autoren in [51, 107] auf folgenden Aspekt aufmerksam gemacht: Anorganische Salze sind in organischen, unpolaren Lösungsmitteln praktisch unlöslich. Wenn an den Keimen von Einkristallen dieser Salze Röhren aus polymerem Material angebracht werden, ist es möglich, einen Einkristall mit einem hohlen Kanal zu züchten, da die Röhre dann entfernt werden kann, indem der gezüchtete Einkristall in ein organisches Lösungsmittel gelegt wird.

Auf diese Weise könnte es gelingen, Einkristalle zu züchten, die α-LiI03-Hohlkanäle mit unterschiedlichem Profil und Querschnitt enthalten. Das Hauptproblem bei der entwickelten Methode zur Züchtung von profilierten Einkristallen sind die häufig auftretenden Brüche, die immer wieder an der inneren Oberfläche des wachsenden Einkristalls zu beobachten sind und die langfristige Vorbereitungsarbeit für die Züchtung des Einkristalls bis zu den Brüchen de facto zunichte machen.

Das Auftreten von Brüchen ist auf viele Faktoren zurückzuführen, von denen die wichtigsten die Unregelmäßigkeiten auf der Außenfläche des Polystyrolprofils und die unterschiedliche Wärmeleitfähigkeit von Einkristall und Polymer sind. Der letztgenannte Umstand führt zur Entstehung eines Temperaturgradienten bei der Wärmeableitung während der Kristallisation und kann eine Ursache für Spannungen im Kristall werden.

Um diese Nachteile zu beseitigen, wurde das polymere Profilmaterial durch einen α-LiI03-Einkristall ersetzt, dessen Querschnitt kleiner war als der Querschnitt des Keims und der mit einer dünnen Schicht eines monodispersen Polychloroprenlatex beschichtet war, der durch emulgatorfreie Polymerisation hergestellt wurde. Abbildung 5.8 zeigt ein Foto eines gewachsenen α-LiI03-Einkristalls:

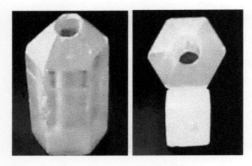

Abbildung 5.8 Profil α-LiI03 Einkristall

Referenzen

1. Smit W.V., Ewart R.H. Kinetik der Emulsionspolymerisation,.J Chem.Phys., 1948, **16**, S. 592-599.

2. Harkins W.D. Theory of the mechanism of emulsion polymerization. J. Amer. Chem. Soc., 1947, **69**, S. 1428-1448.

3. Harkins W. D. Allgemeine Theorie des Mechanismus der Emulsionspolymerisation. J. Polym. Sci. 1950, **5**, S. 217 - 251.

4. Bovey F.A., Kolthoff I.M, Medalia A.I., Meehan E. J. Emulsion Polymerisation, 1955, S.165 NY, London

5. Medvedev S. S. Emulsionspolymerisation. - Sammeln. Tschech. Chem. Gemeinden. , 1957, **22**, p. 160-190.

6. Medvedev S.S. Emulsionspolymerisation in "Kinetik und Mechanismus der makromolekularen Bildung" M., Nauka, 1968, S. 5-24 (auf Russisch).

7. Lovell P.A., El-Aasser M.S., Emulsion Polymerization and Emulsion Polymers, ISBN: Hardcover, 1997, S. 218

8. Oganesyan A.A., Grigoryan G.K., Muradyan G.M., About the mechanism of formation of dispersed phase in the micellar stage of emulsion polymerization. Chem.J.Armenia 2006, **59**, 3, p 130-133 (auf Russisch).

9. Hovhannisyan A. A., Grigoryan G.K., Khaddazh M., Grigorqn N.G Topologie der Bildung von Latices in heterogenen statischen Monomer-Wasser-Systemen Proceedings of the 4th International Caucasian Symposium on Polymers and Advanced Materials Batumi, 2015 .p.92

10. Ugelstad J., Hansen F.K. Kinetik und Mechanismus der Emulsionspolymerisation. - Rubber Chem. and Technol. , 1976, **49**, 3, p. 536-609.

11. Povluchenko V.E., Ivanchov S.S. The kinetic features of emulsion polymerization. -Acta Polym., 1983, **34**, 9, S. 521- 532.

12. Gardon J. L. Emulsionspolymerisation. In: Polym. Process. NY, 1977, S. 143-197.

13. Hovhannisyan A. A., Grigoryan G.K., Grigorqn N.G Physikalische Chemie der Emulsionspolymerisation // Some Success of Organic and Pharmaceutical Chemistry// Collected Papers National Academy of Sciences Armenia, Yerevan 2015 p. 215-225 (in Russian)

14. O Toole J. T. Kinetik der Emulsionspolymerisation. J. Appl. Polym. Sci. 1965, **9**, S. 1291-1297.

15. Stockmeyer W. Anmerkung zur Kinetik der Emulsionspolymerisation. J. Polym. Sci., 1957, **24**, S. 314-317.

16. Smith W. V. Chain initiation in styrene emulsion polymerization. J. Amer. Chem. Soc., 1948, **70**, S. 3695-3702.

17. Smith W. V. Chain initiation in styrene emulsion polymerization. J. Amer. Chem. Soc., 1949, **71**, S. 4077-4082.

18. Morton M., Salatiello P.P., Landfield H. Absolute Fortpflanzungsraten bei der Emulsionspolymerisation. J. Polym. Sci., 1952, **8**, S. 279-287.

19. Morton M., Cala J. A., Altier M. W. Emulsion polymerization of chloroprene. I. Mechanismus. J. Polym. Sci., 1956, **19**, S. 547-562.

20. Van der Hoff B.M. The mechanism of emulsion polyme4rization of styrene. II. Polymerisation in Seifenlösungen unterhalb und oberhalb der kritischen Mizellenkonzentration und die Kinetik der Emulsionspolymerisation. J. Polym. Sci., 1960, **44**, S.241-259.

21. Napper D.H., Parts A.G. Polymerisation von Vinylacetat in wässrigen Medien. I. Das kinetische Verhalten in Abwesenheit von zugesetzten Stabilisierungsmitteln. J. Polym. Sci., 1962, **61**, S. 113-126.

22. Krishan T., Margaritova M.F., Medvedev S.S. Investigation of emulsion polymerization regularities. I. Methylmethacrylat-Polymerisation. Vysokomol. Soedinenie, 1963, **5**, S. 535-541 (auf Russisch).

23. Volkov V.A., Kulyuda T.V., Influence of nonionic emulsifiers on the decomposition of water soluble initiator $K_2S_2O_8$ of emulsion polymerization. Vysokomol.Soedinenie, 1978, **Б 20**, S. 862-865 (auf Russisch).

24. Ryabova M.S., Sautin S.N. Smirnov N.I. Reactions in true aqueous solution during styrene emulsion polymerization initiated by potassium persulfate. J. Priklad. Khimii, 1978, **51**, S. 2056-2064 (auf Russisch).

25. Fujii S. The effect of conversion on the mechanism of vinyl polymerization. I. Styrene. Bull. Chem. Soc. Japan, 1954, **27**, S. 216-221.

26. Willson E.A., Miller J.R., Rowe E.H. Absorption areas n the soap titration of latex for particle size measurement. J. Phys. Coll. Chem., 1949, **53**, S. 357-374.

27. Ryabova M.S., Sautin S.N., Smirnov N.I. Number of particles during styrene emulsion polymerization, initiated by oil soluble initiator. J.Priklad.Khimii, 1975, **48**, S. 1577-1582 (auf Russisch).

28. Williams D.J., Gramico M.R. Application of continuously uniform latexes to kinetic studies of "ideal" emulsion polymerization. J. Polym. Sci., 1969, **C27**, S. 139-148.

29. Ivanchov S.S., Pavluchenko V.N., Rozhkova D.A. Styrene polymerization in emulsion stabilized by surfactants of alcamonums type. Vysokomol.Soedinenie, 1974, **A16**, S. 835-838 (auf Russisch).

30. Ivanchov S.S., Pavluchenko V.N., Rozhkova D.A. Surfactants of alcamonums type as components redox initiating systems in of styrene emulsion polymerization. DAN USSR, 1973, **211**, 4, S. 885-888 (auf Russisch).

31. Rozhkova D.A., Pavluchenko V.N., Ivanchov S.S. A study of decomposition of cumene hydroperoxide decomposition in aqueous solution of alcamonums. Kinetik und Katalyse, 1975, **14**, S. 814 (auf Russisch).

32. Fitch R.M., Ross B., Tsai C.H. Homogene Keimbildung von Polymerkolloiden: Vorhersage der absoluten Anzahl von Teilchen. Amer. Chem. Soc. Polym. Prepr., 1970, **II**, 2, S. 807-810.

33. Fitch R.M., Tsai C.H. Homogene Keimbildung von Polymerkolloiden: die Sohle der löslichen oligomeren Radikale. Amer. Chem. Soc. Polym. Prepr., 1970, **II**, 2, S. 811-816.

34. Dunn A.S., Taylor P.A. Polymerization of vinyl acetate in aqueous solution initiated by potassium persulfate at 60^C. J. Macromol. Chem., 1965, **83**, S. 207-219.

35. Fitch R.M., Tsai Ch.H. Polymer colloids: particle formation in nonmicellar systems. J. Polym. Sci., 1970, **B 8**, 10, S. 703-710.

36. Fitch R.M. Nukleation und Wachstum von Latexpartikeln. Amer. Chem. Soc. Polym. Prepr., 1980, **21**, 2, S. 286.

37. Hansen F.K., Ugelstad J. Particle nucleation in emulsion polymerization. I. Theorie für homogene Keimbildung. J. Polym. Sci., Polym. Chem. Ed., 1978, **16**, 8, S. 1953-1979.

38. Khamsky E.V. Crystallization from solutions - L.: Nauka, 1967, 150 p. (in Russisch).

39. Chernov A.A., Guivarguizov E.I., Bagdasarov K.S., Kuznetsov V.A., Demyanets L.N., Lobachev A.N. Modern Crystallography (4 vol), V. 3, Formation of Crystalls. M. Nauka, 1980, 408 S. (auf Russisch).

40. Peppard B. Particle nucleation phenomena in emulsion polymerization of polystyrene. University Microfilms, Ann Arbor, 1974.

41. Yeliseeva V.I. Polymeric dispersions. M. Khimia, 1980,-294 S. (auf Russisch).

42. Goodal A. R., Wilkinson M. C., Hearn J. Formation of anomalous particles during the emulgator-free polymerization of styrene. J. Colloid Interface Sci., 1975, **53**, S. 327.

43. Cox R..A., Wilkinson M.C., Greasey J.M. Study of the anomalous particles formed during the surfactant-free emulsion polymerization of styrene. J.Polym.Sci., Polym.Chem.Ed. 1977, **15**, 2311.

44. Goodall A.R., Wilkinson M.C., Hearn J. Mechanism of emulsion polymerization of styrene in scap-free systeme. - J.Polym. Sci., Polym.Chem.Ed., 1977, **15**, S. 2193.

45. Dunn A.S., Taylor P.A. Polymerisation von Vinylacetat in wässriger Lösung, eingeleitet durch Kaliumpersulfat bei 60°C. J.Macromol.Chem., 1965, 83, S. 207-219.

46. Napper D. H., Alexander A. E. Polymerization of vinyl acetate in aqueous media. II. Kinetisches Verhalten in Gegenwart niedriger Konzentrationen von zugesetzten Seifen. J. Polym. Sci., 1962, **61**, S. 127-133.

47. Alexander A. E. Einige Studien zur heterogenen Polymerisation. -J. Oil Colour Chem. Assoc., 1966, **49**, S. 187-193.

48. Okamura S., Motoyama T. Polymerisation von Vinylacetat. -J. Polym. Sci. , 1962, v. 58, p. 221-227.

49. Polymerisation von Vinylmonomeren. Rot. D. Hem. M. Khimia, 1973, 312 S. (auf Russisch).

50. Roe Ch.P. Oberflächenchemische Aspekte der Emulsionspolymerisation. Ind. Eng. Chem., 1968, **22**, S. 160-190.

51. Oganesyan A.A., 1986 "Freie radikalische Polymerisation und Phasenbildung in heterogenen Monomer/Wasser-Systemen" Dissertation (Chem.), http://sp-department.ru/upload/iblock/fc2/fc2f301a27001d07dc03d6a7a62a66ef.pdf Moskau: Institut für Feinchemische Technologie (auf Russisch.)

52. Munro D., Goodall A.R., Wilkinson M.C., Randle K.J., Hearn J. Study of particle nucleation, flocculation and growth in the emulgator-free polymerization of styrene in water by total intensity light scattering and photon correlation spectroscopy. J. Colloid Interface Sci., 1979, **68**, 1, S. 1-13.

53. Goodall A.R., Randle K.J., Wilkinson M.C. A study of the emulgator-free polymerization of styrene by laser light-scattering techniques. J. Colloid Interface Sci., 1980, **75**, 2, S. 493-511.

54. Oganesyan A. A., Khaddazh M., Gritskova I. A, Gubin S. P. Polymerization in the Static Heterogeneous System Styrene-Water in the Presence of Methanol Theoretical Foundations of Chemical Engineering, 2013, **47**, 5, p. 600-603

55. Hovhannisyan A.A., Kaddazh M., Grigoryan N.G., Grigoryan G.K. // On the Mechanism of

Latex Particles Formation in Polymerization in Heterogeneous Monomer - Water system // J. Chem. Chem. Eng., **9**,.5 2015 USA

56. Sharkhatunyan R.O., Nalbandyan A.G., Pogosyan A.L., Torgomyan S.K. Izvestiya AN Armenian SSR, Physics, 1974, **9**, p 224-228. (auf Russisch).

57. Bartlett P.D., Cotman J.D. The kinetics of the decomposition of potassium persulfate in aqueous solutions of methanol. J. Amer.. Chem.. Soc., 1949, **71**, S. 1419-1422

58. Frenkel Y.I. Kinetische Theorie der Flüssigkeiten, L. 1975

59. Good R.J. Surface entropy and surface orientation of polar liquids. J. Phys. Chem., 1957, **61**, S. 810-813.

60. Adamson A. Physical Chemistry of Surfaces. M., Mir, 1979, 567 S. (auf Russisch).

61. Moravets G. Makromoleküle in Lösungen. M., Mir, 1967, 398 S. (auf Russisch).

62. Damaskin B.B. Regelmäßigkeiten der Adsorption von organischen Verbindungen. Uspekhi Khimii. 1965, **34**, 10, p. 1764-1778. (auf Russisch).

63. Damaskin B.B. Some regularities of nonequilibrium graphics of differential capacity in the presence of organic compounds. Elektrokhimia, 1965, **1**, S. 255-261. (auf Russisch).

64. Damaskin B.B. Über die Methode der Kapazitätsmessung in verdünnten Lösungen von Elektrolithen. J.Fizich.Khimii, 1958, **32**, 9, S. 2199-2204. (auf Russisch).

65. Prokopov N.I., Gritskova I.A., Kiryutina O.P., Khaddazh M., Tauer K., Kozempel S. The Mechanism of Surfactant-Free Emulsion Polymerization of Styrene. Polymer Science, 2010, **52 B**, 5-6, S. 339-345.

66. Shinoda K., Nakagava T., Tamamusi B., Isemura T. Colloidal Surfactants. M. Mir, 1966, 317 S. (auf Russisch).

67. Rusanov A.I. Phase Equilibrium and Surface Phenomena. L. Khimia, 1967, 387 S. (auf Russisch).

68. Kuni F.M., Rusanov A.I. Asymtotisches Verhalten der molekularen Verteilungsfunktionen in der Oberflächenschicht der Flüssigkeit. DAN USSR, 1967, **174**, 2, S. 406-409 (auf Russisch).

69. Kauzman W. Einige Faktoren bei der Interpretation der Denaturierung von Proteinen. Advan. Protein Chem., 1959, **14**, S. 1-63.

70. Nemety G., Scheraga H.A. The structure of water hydrophobic bonding in proteins. III. Die thermodynamischen Eigenschaften von hydrophoben Bindungen in Proteinen. J. Chem. Phys., 1962, **36**, S. 3382-3401.

71. Fowkes F.M. Beiträge der Dispersionskräfte zu Ober- und Grenzflächenspannungen, Kontaktwinkeln und Eintauchtemperaturen. Advan. Chem., 1964, **43**, S. 99-111.

72. Fowkes F.M. Additivität der intermolekularen Kräfte an Grenzflächen. I Determination of the contribution to surface and interfacial tensions of dispersions forces in various liquids. J. Phys. Chem., 1963, **67**, S. 2538-2541.

73. Shenfeld N. Nichtionische Detergenzien. L. Khimia, 1965, S. 160-180 (auf Russisch).

74. Walling C. Freie Radikale in Lösung. M., I.L., 1960, S.437-440. (auf Russisch).

75. Bagdasaryan K.S. Theorie der radikalischen Polymerisation. M, Nauka, 1966, S. 57-60 (auf Russisch).

76. Oganesyan A. A., Gritskova I. A, Melkonyan L. G. Regulation of molecular mass of polychliroprene by mercaptans. Vysokmol.Soed., 1973, **5**, S. 310-312. (auf Russisch).

77. Kolthoff J. M., Miller S. K. Die Chemie des Persulfats. I. The kinetics and mechanism of the decomposition of the persulfate ion in aqueous medium. J. Amer. Chem. Soc., 1951, **73**, S. 3055-3059.

78. Palit S.R., Mandal B.M. Endgruppenstudien mit Farbstofftechniken. J. Macromol. Sci., 1968, **C 2**, S. 225-277.

79. Hul H.J., Van der Hoff J.W. Mechanism of film formation of latexes. Brit. Polym. J., 1970, **2**, p. 120-127.

80. Jaycock M.J., Parfitt G.D. Chemistry of interfaces. Ellis Horwood Ltd, 1981, 279 S.

81. Sung Kuk Son. Messungen der Ausbreitungsgeschwindigkeitskonstante bei der Emulsionspolymerisation. J. Appl. Polym. Sci., 1980, **25**, S. 2993-2998.

82. Gilbert R.G., Napper D.H. The direct determination of kinetic parameters in emulsion polymerization systems. J. Macromol. Sci. und Rev. Macromol. Chem. Phys. 1983. **C23**. p. 127-186.

83. Hrabak F., Bezdek M., Hynkova V., Pelzbauer Z. Growth reaction in the radical polymerization of chloroprene. J. Polym. Sci. , 1967, **C3**, 16, S. 1345-1353.

84. Gerrens H. Radikalische Reaktionen in Polymerisationsprozessen. In: Dechema Monographien. Frankfurt a/M., 1964, 49, 859, 346 S.

85. Mizellisierung, Solubilisierung und Mikroemulsionen. Ed. By K. Mittal. Springer, 2012, V 1, 460 S., V 2, 459 S.

86. Nomura M., Harada M., Eguchi W., Vagata S. Kinetics and mechanism of the emulsion polymerization of vinyl acetate. ACS Symposium. Ser. **24**, Washington, 1976, S. 102-121.

87. Harriott P. Kinetik der Vinylacetat-Emulsionspolymerisation. J. Polym. Sci., 1971, **A 1**, 9, S. 1153-1163.

88. Frolov Yu.G. Course of Colloid Chemistry (Surface Phenomena and Dispersed Systems). M., Khimia,1982, 400 S. (auf Russisch).

89. Lodiz R., Parker R. Growth of Monocrystals. M., Mir, 1974, 540 S. (auf Russisch).

90. Miller A.A., Mayo F.R. Oxidation von ungesättigten Verbindungen. I. Oxidation von Styrol. J. Amer. Chem. Soc., 1956, **78**,, S. 1017-1023.

91. Barnes C.E., Elofson R.M., Jones G.D. Role of oxygen in vinyl polymerization. II. Isolierung und Struktur der Peroxide der Vinylverbindung. J. Amer. Chem. Soc. 1950, **72**, S. 210.

92. Handbook of Solubility. M. L., Izd.AN SSSR, 1961, 1, S. 88. (auf Russisch).

93. Oganesyan A.A., Airapetyan K.S., Gusakyan A.V., Konoyan F.S. About mechanism of initiation reaction of monomer radicals in styrene saturated aqueous solution of potassium persulfate. DAN Armenische SSR, 1968, **82**, 3, S. 134-136. (auf Russisch).

94. Nadaryan A.G. Über die Möglichkeit der emulsionsfreien Synthese von stabilen Gittern auf der Basis von Vinylacetat. Khim.J.Armenia, 2012, **65**, 2, p. 250-253. (auf Russisch).

95. Chichibabin A.E. Grundlagen der organischen Chemie. V 1. M., Izd. Khim. Lit., 1963, 910 S. (auf Russisch).

96. Mayo F.R. Die Oxidation von ungesättigten Verbindungen. V. Der Einfluss des Sauerstoffdrucks auf die Oxidation von Styrol. J. Amer. Chem. Soc.,1958, **80**, S. 24652480.

97. Japanisches Patent 55-80402. Synthese von homogenen polymeren Dispersionen. / Matsumoto, Tsupetaka, Wakimoto, Saburo, Miahara, Sadayasu, Heisiu, Iosihiko/

98. US-Patent 4247434. Verfahren zur Synthese von monodispersen Latices großer Größe / Lovelace A.M., Vanderhoff J.W., Micale F.J., El-Aasser M.S., Kornfeld D.M./.

99. Rumänisches Patent 77091. Verfahren zur Synthese von monodispersen Polystyrolgittern großer Größe, die in der Immunologie verwendet werden. /Dimonie V., Hagiopol C., Glorgescu M., Moraru G., Constantinescu G./

100. Oganesyan A.A., Gusakyan A.V., Airapetyan K.S., Influence of K S O_{228} concentration on the formation of dispersed particles in emulsion free polymerization of styrene under static conditions. Khim.J.Armenia, 1986, 39, 3, p.190-192. (auf Russisch).

101. Boyajyan V.G., Gukasyan A.V., Abramyan L.S., Oganesyan A.A., Matsoyan S.G. Nonspheric aggregates in emulgatorfreien wässrigen Dispersionen von Polystyrol. Khim.J.Armenia, 1986, **39**, 8

S. 530-531. (auf Russisch).

102. Boyajyan V.G., Gukasyan A.V., Oganesyan A.A. Über die Möglichkeit der Bildung einer neuen Phase bei radikalischen Reaktionen in styrolgesättigter wässriger Lösung von Kaliumpersulfat. Khim.J.Armenia, 1986, **39**, 11, S. 711-714. (auf Russisch).

103. Oganesyan A.A., Boyajyan V.G., Airapetyan K.S., Gukasyan A.V., Matsoyan S.G. Formation of emulsifier free polychloroprene latex in static system chloroprene-aqueous solution of potassium persulfate. Khim.J.Armenia, 1986, **39**, 2, S.126-127. (auf Russisch).

104. Oganesyan A.A., Gukasyan A.V., Airapetyan K.S., Boyajyan V.G., Matsoyan S.G. Methods of synthesis of monodisperse polychloroprene lattices. Bestellung N 4090394/05, 20.05.86. (auf Russisch).

105. Oganesyan A.A., Grigoryan G.K., Muradyan G.M., Nadaryan A.G. About the stability of emulgator free polychloroprene monodisperse lattices. Khim.J.Armenia, 2011, **64**, 4, p. 575-579. (auf Russisch).

106. Züchtung von Silizium-Profileinkristallen nach der Stepanov-Methode http://werfy.ru/cat74/file1034091.html (auf Russisch).

107. Oganesyan A.A., Grigoryan G.K., Atanesyan A.K. Оганесян А.А., Григорян Г.К., Атанесян А.К. Züchtung von Profil-Einkristallen von Lithiumjodat durch Bildung von polymeren Nanopartikeln. Izvestia NAN Armenia, Physics, 2008, **43**, 5, S. 383-386. (auf Russisch).

I want morebooks!

Buy your books fast and straightforward online - at one of world's fastest growing online book stores! Environmentally sound due to Print-on-Demand technologies.

Buy your books online at
www.morebooks.shop

Kaufen Sie Ihre Bücher schnell und unkompliziert online – auf einer der am schnellsten wachsenden Buchhandelsplattformen weltweit! Dank Print-On-Demand umwelt- und ressourcenschonend produziert.

Bücher schneller online kaufen
www.morebooks.shop

info@omniscriptum.com
www.omniscriptum.com